ANÁLISE EXERGOECONÔMICA E EXERGOAMBIENTAL

Blucher

Eduardo José Cidade Cavalcanti

ANÁLISE EXERGOECONÔMICA
E EXERGOAMBIENTAL

Análise exergoeconômica e exergoambiental
© 2016 Eduardo José Cidade Cavalcanti
Editora Edgard Blücher Ltda.

Blucher

Rua Pedroso Alvarenga, 1245, 4º andar
04531-934 – São Paulo – SP – Brasil
Tel.: 55 11 3078-5366
contato@blucher.com.br
www.blucher.com.br

Segundo o Novo Acordo Ortográfico, conforme 5. ed.
do *Vocabulário Ortográfico da Língua Portuguesa*,
Academia Brasileira de Letras, março de 2009.

É proibida a reprodução total ou parcial por quaisquer
meios sem autorização escrita da Editora.

Todos os direitos reservados pela Editora
Edgard Blücher Ltda.

FICHA CATALOGRÁFICA

Cavalcanti, Eduardo J. Cidade
  Análise exergoeconômica e exergoambiental /
Eduardo J. Cidade Cavalcanti. – São Paulo: Blucher,
2016.
  110 p. : il.

  Bibliografia
  ISBN 978-85-212-1058-0

  1. Energia - Análise de sistemas 2. Termodinâmica –
Análise 3. Exergia 4. Energia – Conservação 5. Energia –
Conversão 6. Meio ambiente – Preservação I. Título

16-0407   CDD 621.31

Índices para catálogo sistemático:
1. Energia elétrica: Análise de sistemas

AGRADECIMENTOS

Ao professor doutor George Tsatsaronis, do Institute for Energy Engineering/ Technische Universität Berlin em Berlim, Alemanha, pelo apoio no projeto de pós--doutorado.

À Capes, pelo suporte financeiro do projeto de pós-doutorado.

Aos amigos, professora Tatiana e doutorandos Pieter Mergenthaler e Stefan Bruche, pelas discussões.

CONTEÚDO

1. INTRODUÇÃO   **9**

Referências   11

2. EXERGIA   **15**

Referências   23

3. ANÁLISE EXERGOECONÔMICA   **25**

3.1 Método SPECO   28

3.2 Custo   36

Referências   49

4. ANÁLISE EXERGOAMBIENTAL   **53**

4.1 Ecoindicador 99   53

4.2 Ciclo de vida   56

4.3 Metodologia   60

4.4 Balanço exergoambiental   66

Referências   76

5. APLICAÇÕES · 79

5.1 Aplicações · 87

5.2 Resultados · 96

Referências · 109

CAPÍTULO 1
Introdução

O desenvolvimento e a otimização de sistemas de conversão de energia estão ligados ao progresso industrial, à vida cotidiana e ao bem-estar humano. A crescente demanda de eletricidade e outras formas de energia incentivam seu desenvolvimento e a pesquisa de sistemas mais eficientes com menor consumo de combustíveis. Fatores econômicos e ambientais devem ser observados nesses sistemas. Menores custos de investimento, baixas emissões, baixos impactos ambientais e redução do consumo de fontes naturais são fatores que devem acompanhar o desenvolvimento populacional. A tomada de decisão e a alocação de recursos nem sempre são fáceis. Para isso, existem várias ferramentas para auxiliar a tomada de decisão. Neste trabalho serão abordados a teoria e os conceitos da análise exergeconômica e exergoambiental. O objetivo da otimização exergeconômica é reduzir os custos totais dos produtos do sistema, sendo possível verificar se uma modificação da estrutura produtiva ou dos parâmetros operacionais dos componentes é economicamente viável no projeto. Já a análise exergoambiental verifica como está a geração de poluentes, identificando o componente que mais polui ou selecionando qual sistema apresenta quantitativamente menor impacto ambiental.

Ambas as ferramentas relacionam a análise exergética com indicadores econômicos ou ambientais.

A exergia é uma combinação da primeira com a segunda lei da termodinâmica. A primeira lei aborda o princípio da conservação da energia, e a segunda afirma que a energia tem qualidade, bem como quantidade, e que os processos ocorrem na direção da redução da qualidade energética.

O francês Nicolas Léonard Sadi Carnot desenvolveu os primeiros trabalhos que deram origem à segunda lei. Em 1824 publicou *Reflexões sobre potência motriz do fogo e máquinas próprias para aumentar essa potência*. Nessa mesma linha, a exergia começou a ser desenvolvida a partir da segunda metade do século XIX. Seus primeiros conceitos surgem com os teoremas de R. Clausius (1865) e os trabalhos de P. Tait (1868), que usou o termo *disponibilidade*, e W. Thomson, também chamado de Lord Kelvin. Houve as contribuições sobre energia livre de J. Gibbs (1873) e J. Maxwell (1875), que utilizou as pesquisas de Thomson. Os precursores da análise exergética foram G. Gouy (1889) e A. Stodola (1898), que desenvolveram a teoria da energia disponível. Eles derivaram as mesmas expressões de trabalho e entropia de Maxwell, desenvolvidas 23 anos antes. Em 1932 J. Keenan inicia a aplicação da análise exergética em otimizações econômicas, propondo gerar o custo exergético em vapor e eletricidade por meio de um sistema de cogeração. Em 1938, F. Bosnjakovic desenvolveu a análise da segunda lei com o lema "Lutem contra as irreversibilidades". O trabalho foi interrompido com a Segunda Guerra Mundial, mas retorna com intensidade em 1950 com vários estudos. Em 1956, Rant Z. publica um artigo que propõe o uso da palavra *exergie* (exergia = trabalho que pode ser extraído), apresentando seus fundamentos e a maneira como se estruturará esse termo, que ganha a maioria das aceitações.

Surgem o balanço exergético, o cálculo de exergia química e os primeiros cálculos da exergia de combustíveis segundo Szargut e Petela (1965) e Ahrendts (1977). Szargut e Petela escrevem o primeiro livro totalmente sobre exergia, aplicado a plantas de potência e processos metalúrgicos. Surgem as definições de eficiências exergéticas e as aplicações em processos industriais, como Brodyanskii (1973), que comenta sobre refrigeração, criogenia e destilação. Esses trabalhos avaliam os equipamentos sobre o ponto de vista de eficiência exergética, mostrando os maiores destruidores de exergia do sistema.

Atualmente existem vários livros sobre os métodos de análise exergética e otimização exergoeconômica, como J. Szargut, D. Morris e F. Steward (1988), Kotas (1985), Bejan, Tsatsaronis e Moran (1996), que descrevem o balanço exergético em plantas. A análise exergética de sistemas térmicos tem ganhado ampla aceitação em relação aos métodos tradicionais de energia na indústria e na academia. Szargut, Morris e Steward (1988) e Tsatsaronis (1993) descreveram metodologias importantes da análise exergética.

As metodologias que combinaram a análise exergética com avaliações ambientais são recentes, como a de Szargut (1978), que sugeriu o consumo exergético acumulativo (CExC) como um indicador ambiental para minimizar o consumo das fontes naturais.

No início do século XXI, surgem mais pesquisas relacionadas ao meio ambiente. O próprio Szargut desenvolveu em 2002 o indicador *ecologicalcost* e em 2004 desenvolveu o método de análise ecológica e otimização de processos. Valero (1998) e Lozano e Munoz (1986) iniciam a associação de exergia com análise ecológica baseando-se no cálculo do CExC de Szargut. Frangopoulus (1992) e Frangopoulus e Caralis (1997) fazem uma associação da exergoeconomia considerando aspectos ambientais incluindo o custo externo dos poluentes. Quando a solução de uma análise é melhorar a eficiência de um componente, em geral resulta em maiores custos de construção e manutenção. Assim, Bejan, Tsatsaronis e Moran (1996) alocam esse custo do combustível nos componentes, surgindo a análise exergoeconômica. A análise do ciclo de vida que avalia o impacto para construção dos componentes foi incorporada à análise exergoambiental.

Meyer et al. (2009) realizam a análise exergoeconômica substituindo os indicadores econômicos por um indicador ambiental. Eles avaliaram o ciclo de vida e o associaram ao ecoindicador 99. A análise exergoambiental é recente e está ganhando importância com novas pesquisas.

A motivação dessas análises é melhorar sistemas de conversão de energia. Os sistemas mais comuns são as turbinas e os ciclos de absorção.

O ciclo de turbina a gás é uma maneira de garantir o desenvolvimento das indústrias, suprindo eletricidade. Essa energia é obtida pela queima de combustíveis, frequentemente obtidos pela combustão de óleo, gás ou carvão, com ar gerando grande quantidade de emissão de gases de combustão. O desenvolvimento de sistemas térmicos baseados em complexos ciclos de turbina a gás torna-se importante para melhorar a eficiência térmica e alcançar baixas emissões. Uma pequena melhoria da eficiência térmica pode resultar em melhor aproveitamento do combustível e redução das emissões. Alguma modificação no ciclo simples praticamente dobra a eficiência do ciclo pela incorporação dos resfriadores intermediários, reaquecedores e regeneradores. Outras tecnologias são o resfriador por absorção do ar atmosférico, o resfriador evaporativo do ar atmosférico e o resfriador evaporativo do ar comprimido na saída do compressor.

As termoelétricas ganham importância, pois cerca de 80% da matriz energética brasileira é baseada em recursos hídricos. Sua desvantagem é a limitação de ampliação das grandes hidroelétricas. O impacto ambiental da área alagada inviabiliza a construção de novas hidroelétricas. Outras formas de geração de eletricidade ganham importância, tais como as termoelétricas, pois existe uma tendência de ampliação dessas centrais térmicas. Em alguns países desenvolvidos, como os Estados Unidos, a capacidade das turbinas a gás em 2005 era de 214 GW, correspondendo a 23% da geração de energia elétrica. A previsão para 2020 é um aumento para 39% da geração de energia. No Brasil, também há uma tendência de ampliação, principalmente associada à cogeração.

Sendo assim, este trabalho pretende abordar como avaliar e otimizar sistemas de conversão de energia observando aspectos econômicos e ambientais. Sistemas de energias limpa e solar também serão abordados.

REFERÊNCIAS

AHRENDTS, J. Die Exergie chemisch reaktionsfahiger Systeme. *VDI-Forschungscheft*, Düsseldorf, v. 579, p. 26-33, 1977.

BEJAN, A.; TSATSARONIS, G.; MORAN, M. *Thermal design and optimization*. New York: John Wiley & Sons, Inc., 1996.

BOSNJAKOVIC, F. Kampf den Nichtumkehrbarkeiten. *Arch Warmewirtsch*, Damp, v. 19, n. 1, p. 1-2, 1938.

BRODYANSKII, V. M. *Exergy method of thermodynamic analysis*. Moscow: Energiya, 1973.

CARNOT, Nicolas L. S. *Réflexions sur la puissance motrice du feu et sur les machines propres a développer cette puissance*. Paris: Bachelier, 1824.

CLAUSIUS, R. Über die Wärmeleitung gasförmiger Körper. *Annalen der Physik*, Leipzig, v. 125, p. 353-400, 1865.

FRANGOPOULOS, C. An introduction to environomic analysis and optimization of energy-intensive systems. In: VALERO, A.; TSATSARONIS, G. (Ed.). *Proceedings of the international symposium on efficiency, costs, optimization and simulation of energy systems (ECOS '92)*. Zaragoza, 1992. p. 231-239.

FRANGOPOULOS, C.; CARALIS, Y. A method for taking into account environmental impacts in the economic evaluation of energy systems. *Energy Convers Manage*, Oxford, v. 38, n. 15-17, p. 1751-1763, 1997.

GIBBS, J. W. A method of geometrical representation of the thermodynamic properties of substances by means of surfaces. *Transactions of the Connecticut Academy of Arts and Sciences 2*, Connecticut, p. 382-404, Dec. 1873.

GOUY, G. Sur l'énergie utilisable. *Journal de Physique*, Paris, v. 8, p. 501-518, 1889.

KEENAN, J. H. A steam chart for second Law analysis. *Mechanical Engineering*, v. 54, p. 195-204, 1932.

KOTAS, T. J. *The exergy method of thermal plant analysis*. London: Anchor Brendon, 1985.

MAXWELL, J. C. Diagram of the lines on Gibbs' thermodynamic surface, 8 july 1875.

MEYER, L. et al. Exergoenvironmental analysis for evaluation of the environmental impact of energy conversion systems. *Energy*, New York, v. 34, p. 75-89, 2009.

RANT, Z. Exergie: ein neues Wort für "technische Arbeitsfähigkeit". *Forschung auf dem Gebiete des Ingenieurswesens*, v. 22, p. 36-37, 1956.

STODOLA, A. Die kreisprozesse der gasmaschine [gas engine cycle]. *Zeitschrift des VDI 42*, n. 38-39, p. 1086-1091, 1898. [Derivation of the relationship between loss of work output and entropy creation].

SZARGUT, J. Minimization of the consumption of natural resources. *Bulletin of the Polish Academy of Sciences: Technical Sciences*, Warsaw, v. 26, n. 6, p. 41-46, 1978.

_____. Optimization of the design parameters aiming at the minimization of the depletion of non-renewable resources. *Energy*, New York, v. 29, n. 12-15, p. 2161-2169, 2004.

SZARGUT, J.; MORRIS, D.; STEWARD, F. *Exergy analysis of thermal, chemical and metallurgical processes*. New York: Hemisphere Publishing Corporation, 1988.

SZARGUT, J.; PETELA, R. *Egzergia*. Warsaw: Wydawnictwa Naukowo-Techniczne, 1965.

SZARGUT, J.; ZIEBIK, A.; STANEK, W. Depletion of the non-renewable natural exergy resources as a measure of the ecological cost. *Energy*, New York, v. 43, n. 43, p. 1149-1163, 2002.

Introdução **13**

TAIT, P. G. *Sketch of Thermodynamics*. 2. ed. Edinburgh: Edmonston & Douglas, 1868.

THOMSON, W. On an absolute thermometric scale founded on Carnot's theory of the motive power of heat, and calculated from Regnault's observations. *Philosophical Magazine*, London, 1848.

_____. On the restoration of mechanical energy from na unequally heated space. *Philosophical Magazine*, London, v. 5, n. 4, p. 102-105, 1853. [Discussion of the dissipation of energy in a body initially at nonuniform temperature].

TSATSARONIS, G. Thermoeconomic analysis and optimization of energy systems. *Progress in Energy and Combustion Science*, Oxford, v. 19, n. 3, p. 227-257, 1993.

VALERO, A. Thermoeconomics as a conceptual basis for energy: ecological analysis. In: ULGIATI, S. (Ed.). *Proceedings of the international work shop on advances in energy studies*. Portovenere, 1998. p. 415-444.

VALERO, A.; LOZANO, M. A.; MUNOZ, M. A general theory of exergy saving .I. on the exergetic cost. In: GAGGIOLI, R. A. (Ed.). *Computer-aided engineering and energy systems*: second Law analysis and modelling. New York: ASME Book, 1986. p. 1-8, v. 3.

CAPÍTULO 2
Exergia

A exergia é o máximo de trabalho ou de potência que pode ser produzido por um sistema ou fluxo, quando percorre um processo inteiramente reversível, e atingir o estado de equilíbrio com as condições ambientais. O equilíbrio no estado final ou saída do ambiente deve ser mecânico (pressão), térmico (temperatura), químico (concentração química), cinético (velocidade nula em sistema ou mínima em fluxo para garantir o fluxo), energia potencial mínima (altura mínima) etc.

Observe-se que o sistema é uma quantidade fixa de massa dentro de uma superfície de controle e que um fluxo mássico é o escoamento de massa por meio de uma superfície de controle que está sendo analisada.

O processo reversível significa que pode ser revertido; assim, não deixa vestígio ou não permite irreversibilidades (perdas). O processo reversível é uma condição ideal, pois não produz perdas. Ele ocorre quando as seguintes condições são atendidas:

1) Não possuir atrito em geral (entre as superfícies e entre o fluido, ou entre o fluido e as superfícies);

2) Diferença de temperatura infinitesimal entre a alta temperatura e a baixa temperatura;

3) Diferença de pressão infinitesimal (uma expansão deve ser resistida e uma compressão lenta);

4) Mistura ideal de substâncias separada com o mesmo trabalho de mistura.

A exergia (E) de um fluxo pode ser dividida – didaticamente – em quatro componentes, conforme a Figura 2.1: exergia cinética (E^k), exergia potencial, (E^p), exergia física (E^f) e exergia química (E^{ch}).

Exergia Total = Exergia Cinética + Exergia Potencial + Exergia Térmica + Exergia Termomecânica ou Física + Exergia Química.

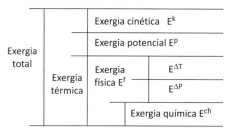

Figura 2.1 Parcelas da exergia.

Fonte: adaptada de Kotas (1985).

A exergia cinética é a própria energia cinética quando a velocidade relativa considerada é a da superfície da Terra.

$$E^k = \frac{m.V_o}{2} \tag{2.1}$$

A exergia potencial também é igual à energia potencial quando o referencial é a superfície da Terra.

$$E^P = m.g_o.Z_o \tag{2.2}$$

Em geral essas exergias podem ser desprezíveis em relação a outras exergias.

Exergia física é o trabalho máximo realizado em processos reversíveis quando uma quantidade de matéria é levada do estado inicial (P e T) ao estado de equilíbrio de pressão e temperatura de referência ambiente (P_0 e T_0) ou *estado morto*. Assim, se a pressão e a temperatura se igualam à temperatura ambiental, afirma-se que esse é o estado morto, não havendo mais capacidade de gerar trabalho.

A exergia termomecânica ou física é para um fluxo de massa que cruza a fronteira do volume de controle dada pela equação:

$$e^{PH} = (h - h_o) - T_o.(s - s_o) \tag{2.3}$$

Essa exergia considera os efeitos de temperatura e pressão. O estado de referência apresenta o subscrito 0.

Para cada fluido, deve haver um estado de referência. Como em sistemas de absorção, cada solução forte e fraca apresenta estados de referência diferentes pela concentração com pressão e temperatura ambiental.

Exergia   **17**

A exergia térmica pode ser calculada por uma equação que considera a exergia termomecânica ou física e a exergia química.

$$e^t = (h - h_o) - T_o.(s - s_o) + (ex^{ch} - ex_o^{ch}) \tag{2.4}$$

A exergia química é a exergia interna das moléculas da substância. Ela pode ser percebida pelo fato de que, em um processo de combustão, entra ar e combustível em condições ambientais, ou seja, exergia física nula, e produzem-se gases de combustão com elevadas temperaturas e exergia.

Para uma mistura de substâncias puras, a exergia química encontrada em Kotas (1985) é dada por:

$$e^{ch} = \sum_i x_i.ex_i^{ch} + R.T_o.\sum_i (x_i.\ln \gamma_i.x_i) \tag{2.5}$$

Se a mistura puder ser considerada ideal, o coeficiente de atividade γ será igual a 1.

$$e^{ch} = \sum_i x_i.ex_i^{ch} + R.T_o.\sum_i (x_i.\ln.x_i) \tag{2.6}$$

Na Equação (2.6), o primeiro termo representa a soma das parcelas da exergia química dos componentes k. Isso nada mais é do que uma média ponderada do produto entre as concentrações de uma mistura pela exergia química do componente puro. O valor da exergia química dos componentes em estado puro pode ser encontrado em tabelas (KOTAS, 1985; SZARGUT; MORRIS; STEWARD, 1988). O segundo termo é devido à geração de entropia associada à mistura e depende da concentração de cada substância presente nessa mistura.

Um exemplo pode ser observado para um combustível:

Tabela 2.1   Composição de um gás natural.

Componente	% volume	Exergia química Kotas, 1985 [kJ/kmol]
CH_4	88,82%	824348
C_2H_6	8,41%	1482033
C_3H_8	0,55%	2133150
N_2	1,62%	639
CO_2	0,60%	14176
Poder calorífico superior	47574 MJ/kg	

E^{ch} = 0,8882.824.348+...+8,314.298,2.(0,8882.ln(0,8882)+...)/$PM_{gás}$ = 48.908 kJ/kg

$PM_{gás}$ = 0,8882*16.043+...+ 0.006*44.01=17,74 kg/kmol

Para o gás perfeito, a exergia física pode ser estimada por meio do calor específico:

$$E^{PH} = \dot{m}.\left\{ cp.\left[T^k - T_o^k - T_o^k.ln\left(\frac{T^K}{T_o^k} \right) \right] + \frac{\overline{R}}{M}.T_o^k.ln\left(\frac{P}{P_o} \right) \right\}$$ (2.7)

O segundo termo da exergia química associado à mistura pode ser entendido de duas maneiras:

1) O máximo de trabalho obtido de uma turbina quando a substância sob condição é trazida de um estado definido para o estado morto, envolvendo troca de calor e troca de substância somente com o ambiente;

2) O mínimo de trabalho necessário por um compressor para sintetizar e liberar no ambiente, a substância sob condição do ambiente por meio de troca de calor e troca de substância somente com o ambiente.

Desconsiderando o efeito da temperatura, o trabalho de um gás perfeito em um processo isotérmico pode ser estimado por:

$$W = -\int p.v = -R.T_o \ln(P_f/P_i) = R.T_o \ln(P_i/P_f)$$ (2.8)

Um aparato imaginário reversível pode ser utilizado para explicar a exergia química de uma mistura de gases ideais. A mistura é alimentada em regime permanente a pressão (P_0) e temperatura (T_0) ambiente. Cada componente é separado em uma membrana semipermeável e depois comprimida em um processo reversível e isotérmico partindo da sua respectiva pressão parcial (P_i) até a (P_0). O trabalho total molar de compressão da mistura é definido segundo a equação:

$$\sum W_{i,rev} = \overline{R}.T_o \sum x_i.\ln x_i = \overline{R}.T_o \sum x_i \ln(P_o/x_i.P_o)$$ (2.9)

em que x_i é a fração molar de cada componente.

Cada componente sai do compressor a pressão e temperatura ambiente com sua exergia química molar. A exergia da mistura de gases é a soma das exergias dos seus componentes menos o trabalho de compressão, conforme a Equação (2.6).

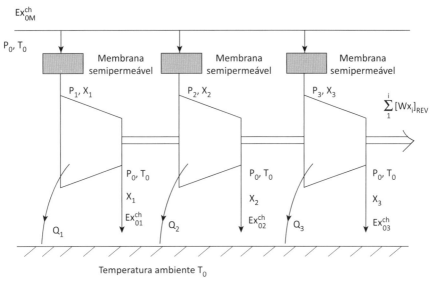

Figura 2.2 Aparato ideal para determinar a exergia química da mistura.
Fonte: adaptada de Kotas (1985).

Com a aplicação de exergia em processos industriais, surge uma gama de combustíveis que precisam ser analisados quanto à sua exergia química. A exergia química de uma substância deve ter propriedades baseadas em um conjunto de substâncias disponíveis no ambiente que seja o próprio referencial. Para evitar a possibilidade de desenvolver trabalho entre a interação com o ambiente, essas substâncias de referência devem estar em equilíbrio mútuo com ele. Porém o ambiente não está em equilíbrio devido a variações de pressão, temperatura e outras propriedades no espaço e no tempo. Por isso é necessário assumir modelos de substâncias ambientais. É preciso que haja uma semelhança entre a realidade física e a teoria termodinâmica. Surgem pesquisas para determinar a exergia ambiental de referência. Ela é baseada em um conjunto de substâncias de referência a pressão e temperatura ambiental com concentração próxima ao ambiente natural. Existem três grupos de substâncias de referência: os componentes gasosos da atmosfera, as substâncias sólidas da litosfera e as substâncias iônicas e não iônicas dos oceanos. Dois trabalhos sobre exergia padrão de referência tem aceitação. O modelo I e o modelo II.

O modelo I[a] foi desenvolvido por Ahrendts (1977) para pressão ambiental de 1,019 atm, e o modelo II[b] foi desenvolvido por Szargut, Morris e Steward (1988) para pressão de 1 atm. Seus resultados de exergia química de substâncias são similares.

20 Análise exergoeconômica e exergoambiental

Tabela 2.2 Exergia química molar padrão, e^{-ch} (kJ/kmol), de várias substâncias a 298,15 K a p_0.

Substância	Fórmula	Modelo I[a]	Modelo II[b]
Nitrogênio	$N_2(g)$	639	720
Oxigênio	$O_2(g)$	3951	3970
Dióxido de carbono	$CO_2(g)$	14176	19870
Água	$H_2O(g)$	8.636	9500
Água	$H_2O(l)$	45	900
Carbono (grafite)	$C(s)$	404589	410260
Hidrogênio	$H_2(g)$	235249	236100
Enxofre	$S(s)$	598158	609600
Monóxido de carbono	$CO(g)$	269412	275100
Dióxido de enxofre	$SO_2(g)$	301939	313400
Monóxido de nitrogênio	$NO(g)$	88851	88900
Dióxido de nitrogênio	$NO_2(g)$	55565	55600
Peróxido de hidrogênio	$H_2O_2(g)$	133587	—
Sulfito de hidrogênio	H_2S	799890	812000
Amônia	$NH_3(g)$	336684	337000
Oxigênio	$O(g)$	231968	233700
Hidrogênio	$H(g)$	320822	331300
Nitrogênio	$N(g)$	453821	—
Metano	$CH_4(g)$	824348	831650
Acetileno	$C_2H_2(g)$	—	1265800
Etileno	$C_2H_4(g)$	—	1361100
Etano	$C_2H_6(g)$	1482033	1495840
Propileno	$C_3H_6(g)$	—	2003900

(continua)

Exergia

Tabela 2.2 Exergia química molar padrão, e^{-ch} (kJ/kmol), de várias substâncias a 298,15 K a p_0 (*continuação*).

Substância	Fórmula	Modelo I[a]	Modelo II[b]
Propano	$C_3H_8(g)$	—	2154000
n-Butano	$C_4H_{10}(g)$	—	2805000
n-Pentano	$C_5H_{12}(g)$	—	3483300
Benzeno	$C_6H_6(g)$	—	3303600
Octano	$C_8H_{18}(l)$	—	5413100
Metanol	$CH_3OH(g)$	715069	722300
Metanol	$CH_3OH(l)$	710747	718000
Etanol	C_2H_5OH	1348328	1363900
Etanol	$C_2H_5OH(l)$	1342086	1375700

Fonte: Kotas (1985).

Szargut e Styrylska (1964) determinaram a exergia química dos combustíveis sólidos e líquidos pela relação:

$$e^{ch} = \varphi.Pci \tag{2.10}$$

Para combustíveis sólidos orgânicos secos compostos por C, H, O, N e S e com a relação O/C<0,667:

$$\varphi_{seco} = 1,0437 + 0,18882\frac{h}{c} + 0,061\frac{o}{c} + 0.0404\frac{n}{c} \text{ para fração mássica} \tag{2.11}$$

Precisão de ±1%, mas não é recomendado para madeira. A próxima relação é recomendada:

$$\varphi_{seco} = \frac{1,0438 + 0,18882\dfrac{h}{c} - 0,2509\left(1 + 0,7256\dfrac{h}{c}\right) + 0,0383\dfrac{n}{c}}{1 - 0,3035\dfrac{o}{c}} \tag{2.12}$$

Caso precise considerar a umidade e haja enxofre na composição, a relação para correção é sugerida:

$$e^{ch} = [Pci + 2442.w]\varphi_{seco} + 9417.s \text{ [kJ/kg]} \tag{2.13}$$

em que w e s são frações mássicas de água e enxofre. O valor de 2442 é a entalpia de vaporização da água a 25 °C em kJ/kg.

Para combustíveis líquidos, a relação é:

$$\varphi = 1,0401 + 0,1728\frac{h}{c} + 0,0432\frac{o}{c} + 0.2169\frac{s}{c}\left(1 - 2,0628\frac{n}{c}\right) \tag{2.14}$$

Com precisão de ±0,38%.

Para combustíveis gasosos, pode-se utilizar a expressão:

$$\varphi = -\Delta\overline{h}^o + T^o.\Delta\overline{s}^o + \overline{R}.T^o\left(x_{O_2}.\ln\frac{P_{O_2}^{oo}}{P^o} - \sum_k x_k.\ln\frac{P_k^{oo}}{P^o}\right) \tag{2.15}$$

Essa equação é difícil devido à dificuldade de avaliar a entropia da reação; assim, para a maioria dos combustíveis gasosos com composição típica industrial, os valores de φ variam em torno de 1%, podendo-se utilizar os valores da Tabela 2.3:

Tabela 2.3   Valores típicos de φ para gases industriais.

Combustível	$\varphi = \dfrac{\overline{E}^{CH}}{PCi}$
Coque	1,05
Diferentes tipos de carvão	1,06-1,10
Turfa	1,16
Madeira	1,15-1,30
Diferentes óleos combustíveis e petróleo	1,04-1,08
Gás natural	1,04±0,5%
Gás de gaseificação de carvão	1,00±1%
Gás de alto-forno	0,98±1%
Hidrogênio	0,985
Monóxido de carbono	0,973
Enxofre (rômbico)	2,017

Fonte: Kotas (1985).

Para a análise exergética, a metodologia é dividir a planta em subsistemas (componentes) ou volumes de controle e identificar os fluxos de massa, energia (calor e trabalho) e exergia, numerando-os. Em cada ponto indicam-se as propriedades pressão, temperatura, fluxo de massa, entalpia, entropia, as exergias específicas (física, química e total) e a exergia absoluta.

Quando só existe um fluido de trabalho, com uma única concentração, não é necessária a exergia química. Em geral, nos processos com alteração da composição química, é necessária a exergia química, como em processos com reações químicas, combustão, refrigeração por absorção, purificação, destilação etc. Cada fluido com concentração diferente apresenta seu estado padrão na pressão e temperatura ambiental.

REFERÊNCIAS

AHRENDTS, J. Die Exergie chemisch reaktionsfahiger Systeme, *VDI-Forschungscheft*, Düsseldorf, v. 579, p. 26-33, 1977.

KOTAS, T. J. *The exergy method of thermal plant analysis*. London: Anchor Brendon, 1985.

NEBRA, S. A. *Termoeconomia*: análise exergoeconômica de sistemas térmicos. Campinas: Unicamp, Departamento de Engenharia Mecânica, 2002. [Apostila]

SZARGUT, J.; MORRIS, D.; STEWARD, F. *Exergy analysis of thermal, chemical and metallurgical processes*. New York: Hemisphere Publishing Corporation, 1988.

SZARGUT, J.; STYRYLSKA, T. Angenäherte Bestimmung der Exergie von Brennstoffen. *Brennstoff-Wärme-Kraft*, Düsseldorf, v. 16, n. 12, p. 589-596, 1964.

CAPÍTULO 3
Análise exergoeconômica

Conforme Bejan, Tsatsaronis e Moran (1996), a análise exergoeconômica combina a análise exergética com princípios de economia para a análise de sistemas térmicos.

O balanço exergoeconômico consiste em atribuir custos às taxas exergéticas de um portador de energia e determinar o valor monetário de cada um dos fluxos. A taxa de custo é associada a cada fluxo de exergia. Assim, para os fluxos exergéticos de entrada e saída, de potência e associados à transferência de calor, tem-se:

$$\dot{C}_e = c_e.E_e = c_e.\dot{m}_e.e_e \tag{3.1}$$

$$\dot{C}_s = c_s.E_s = c_s.\dot{m}_s.e_s \tag{3.2}$$

$$\dot{C}_w = c_w.\dot{W} \tag{3.3}$$

$$\dot{C}_q = c_q.E_q = c_q.q[1 - T/T_o] \tag{3.4}$$

Os termos c_e, c_s, c_w e c_q são os custos médios por unidade de exergia. O balanço de custo é realizado para cada componente, afirmando que a soma da taxa de custo para toda transferência de exergia que sai (saída + trabalho) é igual à soma da taxa de custo para toda transferência de exergia que entra (entrada + calor) mais as taxas de despesas com capital de aquisição, operação e manutenção:

$$\sum_s (c_s.E_s)_k + c_w.\dot{W} = c_q.E_q + \sum_i (c_e.E_e)_k + \dot{Z}_k \tag{3.5}$$

A taxa de custo com despesas totais é composta pelas taxas de aquisição dos componentes operação e manutenção:

$$\dot{Z} = \dot{Z}^{CI} + \dot{Z}^{OM} \tag{3.6}$$

Para melhorar o desempenho e reduzir custos de operação e de investimento, podem-se determinar os custos unitários dos combustíveis, dos produtos e da exergia destruída em cada componente. Com isso a equação também pode ser escrita em relação a produtos e combustíveis. O balanço de custo indica que o custo dos produtos é igual ao custo dos insumos da unidade mais o custo de despesas com investimento total:

$$\dot{C}_P = \dot{C}_f + \dot{Z}_{tot} = c_p.E_f = c_f.E_f + \dot{Z} \tag{3.7}$$

Os termos c_p e c_f são o custo médio por unidade de exergia do produto e o do combustível, respectivamente. A determinação dos custos monetários pode identificar gargalos no sistema. O custo pode ser determinado pela relação a seguir e sua representação pode ser observada na Figura 3.1:

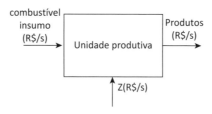

Figura 3.1 Custo das unidades produtivas.
Fonte: adaptada de Bejan, Tsatsaronis e Moran (1996).

Assim, os custos médios do produto e do combustível por unidade de exergia podem ser determinados por:

$$c_p = \frac{\dot{C}_P}{E_P}, \text{ onde as unidades são } \frac{\$/s}{kJ/s} = \frac{\$}{kJ} \tag{3.8}$$

$$c_f = \frac{\dot{C}_f}{E_f} = \frac{\$}{kJ} \tag{3.9}$$

Os custos para aquisição dos equipamentos serão discutidos ao final deste capítulo. Com o valor do custo de cada equipamento, avalia-se a taxa de custo nivelado, na qual se consideram fatores de amortização, despesas fixa e variável com a operação e manutenção, fator de recuperação de capital (CRF).

Análise exergoeconômica   **27**

$$\dot{Z}_i = Z_i . CRF . \varphi \quad \left[\$/s \right] \tag{3.10}$$

Onde:

Z = custo de aquisição [$]

φ = fator de manutenção

O fator de recuperação de capital CRF é utilizado em análise de retorno de investimentos e em amortização de capital. Seu valor são parcelas de valor uniforme.

$$CRF = i . \left[\frac{(1+i)^{n_{ano}}}{(1+i)^{n_{ano}} - 1} \right] . \frac{1}{n_{ano} . n_h . 3600} \tag{3.11}$$

Onde:

i = taxa anual de juros

n_{ano} = vida útil em anos

n_h = número de horas de operação por ano

Posteriormente, definem-se as categorias: combustível, produto e exergia destruída em cada subsistema. A exergia do combustível (E_f) pode ser a de uma corrente (combustível) ou diferença entre exergia de entrada e de saída, que perde exergia por transferência. A exergia do produto (E_p) é a desejada; pode ser a exergia de um fluxo de potência ou diferença entre exergia de entrada e de saída que ganha exergia no processo. A exergia destruída (Ex_D) é diferença de exergia entre combustível e produto.

Para avaliar o desempenho dos equipamentos em relação à exergia, utiliza-se a eficiência exergética determinada pela relação exergia do produto pela exergia do combustível.

$$\varepsilon = \frac{E_P}{E_F} \tag{3.12}$$

E a exergia destruída será:

$$E_F = E_P + E_D \tag{3.13}$$

A taxa de exergia destruída é definida como

$$\dot{C}_D = c_f . E_D \tag{3.14}$$

A diferença relativa do custo compara o custo do produto com o custo do combustível

$$r_k = \frac{c_p - c_f}{c_f} \qquad (3.15)$$

Esse parâmetro indica o aumento relativo no custo médio por unidade de exergia entre o combustível e o produto. Seu alto valor indica qual componente tem maior potencial de otimização de custo com menor esforço do que outro componente com menor valor. Em otimização de um sistema de componentes, deve-se minimizar o valor da diferença relativa do custo do componente principal, em vez de minimizar o custo médio do produto por unidade de exergia. Os custos dos produtos sempre são maiores do que os do combustível.

Para verificar qual equipamento pode ser economicamente viável para investir na sua eficiência, utiliza-se o fator exergoeconômico f_k. Ele pode ser determinado segundo a equação a seguir:

$$f_k = \frac{\dot{Z}}{c_f . E_D + \dot{Z}} \qquad (3.16)$$

Esse parâmetro compara a taxa do custo de investimento (Z) com a taxa de custo da exergia destruída ($c_f . E_D$). Valores baixos desse fator indicam que o custo da irreversibilidade é significativo em comparação com o custo de investimento. O equipamento (subsistema) com menor valor do fator exergoeconômico indica um maior potencial de melhoria sugerindo uma redução de irreversibilidade, ou seja, indicar qual componente precisa aumentar seu investimento para aumentar a eficiência total.

Uma otimização do sistema global pode ser feita. Seu procedimento consiste em minimizar os custos exergoeconômicos dos produtos.

3.1 MÉTODO SPECO

Existem diferentes métodos exergoeconômicos, como o de Lozano e Valero (1993), Tsatsaronis e Lin (1990). Entre eles há o método SPECO (*Specific Exergy Costing*) que foi inicialmente desenvolvido por Tsatsaronis e Lin (1990) e Lazaretto e Tsatsaronis (1999).

Ele é baseado na exergia específica, custo do produto e do combustível por unidade de exergia, eficiência exergética e equações auxiliares. Lazaretto e Tsatsaronis (2006) apresentaram ampla discussão sobre método e mais informações podem ser obtidas. Segundo os autores, ele consiste em três passos:

1) Identificar os fluxos de exergia.

   Deve-se decidir se os componentes serão avaliados utilizando-se a exergia total ou de forma separada como a térmica, mecânica e química. Os resultados em geral são mais precisos quando a exergia é separada. Os componentes que produzem resultados mais precisos quanto às formas de exergias são nos que ocorrem reação química exotérmica (liberação de calor) tais como reatores de gaseificação, também estão incluídas as colunas de purificação e separação.

Depois dessa decisão, todos os fluxos de entrada e saída de massa, calor, trabalho devem ser identificados e seus valores de exergia devem ser calculados.

2) Definição de produto e combustível.

As exergias do produto e do combustível são definidas considerando-se o resultado desejado produzido pelo componente e a fonte despendida para gerar esse resultado. Nos casos mais complexos, como mistura e separação química ou reação química, as diferentes formas de exergias específicas (térmica, mecânica e química) devem ser separadas para análise. Essa separação permite aumentar a precisão dos resultados, como por exemplo em reatores de gaseificação, colunas de retificação etc.

O produto é definido como:

- todos os valores de exergia na saída (incluindo a exergia do fluxo de energia gerado no componente), mais:
- todo aumento de exergia entre a entrada e a saída que esteja de acordo com a finalidade do componente. O fluxo que recebeu exergia.

O combustível é definido como:

- todos os valores de exergia na entrada (incluindo a exergia do fluxo de energia fornecida pelo componente), mais:
- toda redução de exergia entre a entrada e a saída, menos:
- todo aumento de exergia (entre a entrada e a saída) que não esteja de acordo com o propósito do componente.

Decisões devem ser tomadas observando-se o propósito do componente. Na avaliação do componente, em geral, avalia-se a diferença de exergia associada com cada fluxo de massa entre a entrada e a saída do componente. A diferença de exergia (adição ou remoção oriunda do fluxo de massa) deve ser calculada para todo fluxo de exergia associado com variações de exergias físicas (exergia térmica e mecânica) e em alguns casos para o fluxo de exergia química.

3) Equações de custo.

A Exergoeconomia associa o custo de um sistema térmico com seu ambiente e suas fontes de ineficiências. Em geral, existe um número de fluxo (m) maior do que o número de componentes (n). Quando se define uma matriz incidência A [n x m], percebe-se que necessita de equações auxiliares. A diferença da metodologia SPECO utiliza o princípio de produto (P) e combustível (F).

3.1.1 PRINCÍPIO F

Refere-se à remoção de exergia de um fluxo de exergia dentro de um componente, quando este fluxo, para a diferença entre exergia de entrada e de saída, é considerado na definição do combustível. O princípio F afirma que o custo específico (custo por unidade de exergia) associado a essa remoção de exergia deve ser igual ao custo médio específico do fluxo de entrada e saída. Uma noção simples afirma que o combustível paga a conta do produto, por isso o custo específico é igual. Como exemplo uma turbina.

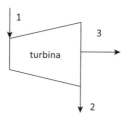

Figura 3.2 Turbina.

Um balanço exergético na turbina e a eficiência exergética podem relacionar a destruição de exergia com a eficiência exergética:

$$E_1 = E_2 + E_3 + E_D \quad e \quad \varepsilon = \frac{E_3}{E_1 - E_2} \tag{3.17}$$

$$\text{Logo } E_D = E_3 \cdot \left(\frac{1}{\varepsilon} - 1\right) \tag{3.18}$$

Quanto maior a eficiência da turbina, menos a destruição de exergia.

O seu propósito, ou produto, é de gerar potência, $P = E_3$, pela definição é a exergia na saída e o combustível da turbina para atingir o propósito são os gases de combustão $F = E_2 - E_1$, pela definição é o fluxo de exergia reduzida entre a entrada e a saída de um fluxo.

O balanço de custo na turbina, desconsiderando em um primeiro momento o custo com despesas do componente $\dot{z}$, por questão de simplificação, é apresentado a seguir:

$$\dot{C}_1 = \dot{C}_2 + \dot{C}_3 \tag{3.19}$$

$$E_1 \cdot c_1 = E_2 \cdot c_2 + E_3 \cdot c_3 \tag{3.20}$$

Análise exergoeconômica **31**

Pela regra F do combustível $c_1 = c_2$, tem-se:

$$c = \left(\frac{E_3}{E_1 - E_2} \right) . c_3 \qquad (3.21)$$

ou $c_3 = \dfrac{c}{\varepsilon}$ $\qquad (3.22)$

Isso indica que o custo específico do produto (potência) c_3 é relacionado com o custo do combustível (gases de combustão) e carrega as irreversibilidades da turbina. Algumas conclusões podem ser tomadas:

a) O significado físico de igualar os custos específicos do combustível ao do fluxo de entrada e o de saída ($c_1 = c_2$) é indicar que o combustível paga a conta do produto;

b) O produto carrega as irreversibilidades do componente. Quanto menor a eficiência com componente, mais caro será o produto;

c) Esse conceito pode ser estendido a todos os outros componentes, observando-se o propósito do componente.

Nebra (2002) faz uma abordagem semelhante a esses conceitos.

3.1.2 PRINCÍPIO P

Refere-se ao fornecimento de fluxo de exergia para o fluxo de exergia dentro de um componente considerado. O princípio P afirma que cada unidade de exergia é fornecida para um fluxo associado ao produto no mesmo custo médio, chamado de c_p.

Cada fluxo de exergia deve estar associado, uma única vez, ou ao combustível ou ao produto.

Com as equações auxiliares decididas, igualam-se os números de equações de fluxo com o número de incógnitas.

Uma revisão desse método foi feita por Tsatsaronis e Cziesla (2002).

Um esquema para cada equipamento com conceitos de combustível, produtos e equações auxiliares é apresentado na Tabela 3.1:

Lembre-se de que $\dot{C} = \dot{m}.e.c$ significa "taxa de custo é igual a fluxo mássico × exergia específica × custo específico por exergia". Caso não exista um dos fluxos, basta desconsiderar.

Tabela 3.1 Parâmetros de análise exergética e exergoeconômica.

Equipamento	Descrição	Produto	Combustível	Eq. auxiliar
	Compressor, bomba e ventilador	$E_p = E_2 - E_1$ $C_p = C_2 - C_1$	$E_f = E_3$ $C_f = C_3$	Não há
	Turbina ou expansor	$E_p = E_4$ $C_p = C_2$	$E_f = E_1 - E_2 - E_3$ $C_f = C_1 - C_2 - C_3$	F: $c_1 = c_2 = c_3$
	Câmara de combustão	$E_p = E_3 - E_2$ $C_p = C_3 - C_2$	$E_f = E_1 - E_4$ $C_f = C_1 - C_4$	Se houver 4, F: $c_1 = c_4$
	Gerador elétrico, engrenagem	$E_p = E_2$ $C_p = C_2$	$E_f = E_1$ $C_f = C_1$	Não há
	Gerador de vapor	$E_p = E_5 - E_4$ $C_p = C_5 - C_4$	$E_f = E_1 + E_2 - E_3$ $C_f = C_1 + C_2 - C_3$	F: $\dfrac{C_1 + C_2}{E_1 + E_2} = \dfrac{C_3}{E_3}$

Fonte: adaptada de Bejan, Tsatsaronis e Moran (1996).

Alguns equipamentos serão abordados com comentários.

Análise exergoeconômica

Tabela 3.2 Parâmetro de análise exergética e exergoeconômica de misturador.

	Misturador, ejetor	$E_P = \dot{m}_2.(e_3 - e_1)$ $C_P = \dot{m}_1.(c_{3,1}.e_3 - c_1.e_1)$ onde $c_{3,1} = c_3 + \dfrac{\dot{m}_2}{\dot{m}_1}.(c_3 - c_2)$	$E_f = \dot{m}_1.(e_2 - e_3)$ $C_f = \dot{m}_2.c_2.(e_2 - c_3)$	Foi embutido no custo do produto

Fluido quente 2; 3; 1 Fluido frio

Em misturadores e ejetores, equipamentos que misturam duas entradas e uma saída, cada fluido de entrada deve ser classificado como combustível ou produto, e o fluido de saída é composto pelos custos separados de cada fluido de entrada $c_{3,1}$ e $c_{3,2}$.

$$\dot{m}_1.c_{3,1} + \dot{m}_2.c_{3,2} = \dot{m}_3.c_3 = (\dot{m}_1 + \dot{m}_2).c_3 \tag{3.23}$$

O produto é o fluido frio 1 e o combustível, o fluido quente 2.

Pelo princípio F, o fluido 2 combustível $c_{3,2} = c_2$,

$$\dot{m}_1.c_{3,1} + \dot{m}_2.c_2 = \dot{m}_1.c_3 + \dot{m}_2.c_3 \tag{3.24}$$

$$c_{3,1} = c_3 + \frac{\dot{m}_2}{\dot{m}_1}.(c_3 - c_2) \tag{3.25}$$

Assim o custo do produto $c_{3,1}$ pode ser encontrado.

O desaerador é semelhante ao misturador, mas com um fluido a mais (respiro).

Tabela 3.3 Parâmetro de análise exergética e exergoeconômica de desaerador.*

	Desae-rador	$E_P = \dot{m}_2.(e_3 - e_2)$ $C_P = \dot{m}_2.(c_{3,2}.e_3 - c_2.e_2)$ onde $c_{3,2} = c_3 + \dfrac{\dot{m}_3 - \dot{m}_2}{\dot{m}_2}.(c_3 - c_1)$	$E_f = \dot{m}_1.e_1 - (\dot{m}_3 - \dot{m}_2).e_1$ $-\dot{m}_4.e_4$ $C_f = (\dot{m}_3 - \dot{m}_2).c_1.(e_1 - c_3)$ $+\dot{m}_4.c_1.(e_1 - c_4)$	Foi embutido no custo do produto

Respiro 4; 1 Vapor; 2 Água de alimentação; 3 Água desaerada

* Elaborada a partir de contato pessoal com George Tsatsaronis em 2014.

O conjunto coluna de destilação simples é apresentado na Tabela 3.4. Devem-se observar as exergias específicas químicas e físicas entre os pontos 3, 4 e 5 e analisar o comportamento em relação à alimentação no ponto 3. Nesse caso de coluna de água-amônia, a exergia específica no ponto 4 aumentou as exergias química e física. No ponto 5 a exergia específica química reduziu e a física aumentou. Pelos princípios F e P, quando aumenta a exergia, tem-se produto; quando reduz, tem-se combustível. Com isso define-se o produto e o combustível.

Tabela 3.4 Parâmetro de análise exergética e exergoeconômica de coluna de destilação.*

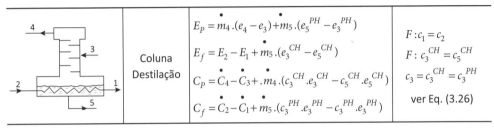

* Elaborada a partir de contato pessoal com George Tsatsaronis em 2014.

A equação auxiliar afirma que o custo médio do produto do fluxo 4 avaliado pela diferença de exergia total é igual a custo médio do produto do fluxo 5 avaliado pela diferença de exergia somente física PH. A exergia total no fluxo 4 aumentou e somente a exergia física 5 aumentou.

$$P: \frac{\dot{m}_4}{\dot{m}_4} \cdot \left(\frac{c_4 \cdot e_4 - c_3 \cdot e_3}{e_4 - e_3} \right) = \frac{\dot{m}_5}{\dot{m}_5} \cdot \left(\frac{e_5^{PH} \cdot e_5^{PH} - c_3^{PH} \cdot e_3^{PH}}{e_5^{PH} - e_3^{PH}} \right) \quad (3.26)$$

Observa-se que os fluxos mássicos podem ser desconsiderados. Outra coluna com resfriamento é apresentada no trabalho de Tsatsaronis e Cziesla (2002).

Um exemplo semelhante com mais de um produto em um componente pode ser observado a seguir, num conjunto de trocador de calor que produz dois produtos de água gelada em 4 e 6 utilizando um fluido frio entre 1 e 2.

Tabela 3.5 Parâmetro de análise exergética e exergoeconômica de equipamento composto.*

Evaporador	$E_P = E_4 - E_3 - (E_6 - E_5)$	$E_f = E_1 - E_2$	$c_1 = c_2$
	$\dot{C}_P = \dot{C}_6 - \dot{C}_5 - (\dot{C}_4 - \dot{C}_3)$	$\dot{C}_f = \dot{C}_1 - \dot{C}_2$	$\dfrac{\dot{C}_6 - \dot{C}_5}{E_6 - E_5} = \dfrac{\dot{C}_4 - \dot{C}_3}{E_4 - E_3}$

* Elaborada a partir de contato pessoal com George Tsatsaronis em 2014.

Para trocadores de calor, existem alguns casos que dependem da temperatura dos fluidos em relação à temperatura ambiente T_0:

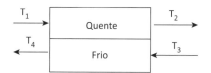

Figura 3.3 Trocador de calor.

Tabela 3.6 Parâmetro de análise exergética e exergoeconômica de trocador de calor.*

	Todas as temperaturas $> T_0$	$E_p = E_4 - E_3$ $\dot{C}_P = \dot{C}_4 - \dot{C}_3$	$E_f = E_1 - E_2$ $\dot{C}_f = \dot{C}_1 - \dot{C}_2$	F: $c_1 = c_2$
	$T_2, T_4 > T_0$ $T_3 < T_0$	$E_p = E_4$ $\dot{C}_P = \dot{C}_4$	$E_f = (E_1 - E_2) + E_3$ $\dot{C}_f = \dot{C}_1 - \dot{C}_2 + \dot{C}_2$	F: $c_1 = c_2$
	$T_4 > T_0$ $T_3, T_2 < T_0$	$E_p = E_1 + E_2$ c	$E_f = E_4 + E_3$ $\dot{C}_f = \dot{C}_4 + \dot{C}_3$	P: $c_2 = c_4$
	$T_1 > T_0$ $T_2, T_3, T_4 < T_0$	$E_p = E_1 + (E_3 - E_4)$ $\dot{C}_P = \dot{C}_1 + \dot{C}_3 - \dot{C}_4$	$E_f = E_2$ $\dot{C}_f = \dot{C}_2$	F: $c_3 = c_4$
	Todas as temperaturas $< T_0$	$E_p = E_2 - E_1$ $\dot{C}_P = \dot{C}_2 - \dot{C}_1$	$E_f = E_3 - E_4$ $\dot{C}_f = \dot{C}_3 - \dot{C}_4$	F: $c_3 = c_4$

* Elaborada a partir de contato pessoal com George Tsatsaronis em 2014.

Lembre-se de que, abaixo da temperatura ambiente, a exergia tem comportamento oposto a calor. Um fluido pode fornecer calor, porém receber exergia e vice-versa. Esses trocadores de calor podem ser encontrados em sistema de refrigeração por absorção.

Um absorvedor tem duas funções: produzir um fluido desejado para o funcionamento do ciclo e rejeitar calor liberado durante o processo de absorção. Assim, ele apresenta as mesmas relações de misturador. Quanto ao custo do calor liberado, atribui-se o custo do calor composto pela média dos fluidos de entrada.

$$c_{calor} = c_4 = \frac{\dot{C}_1 + \dot{C}_2}{\dot{E}_1 + \dot{E}_2} \tag{3.27}$$

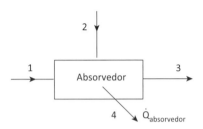

Figura 3.4 Absorvedor.

O condensador é um componente dissipativo cuja única função é dissipar calor para manter o ciclo em funcionamento. O fluido de trabalho é o combustível. Uma possibilidade é carregar a taxa do custo do calor em outro componente. Carrega-se a taxa de custo no componente antagônico, ou seja, o condensador dissipa calor que foi gerado em outro componente, no caso um gerador de calor. Assume-se como equação auxiliar os custos específicos do fluido iguais ($c_1 = c_2$).

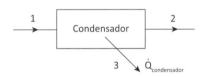

Figura 3.5 Condensador.

3.2 CUSTO

O objetivo da análise exergoeconômica é avaliar os custos de produtos. Deseja-se produzir produto com o menor custo possível. Assim o custo do capital de investimento deve ser avaliado. Existem os custos constantes e repetitivos, como os de combustível, operação e manutenção. Também existem os custos que aparecem uma única vez, como os custos de aquisição de equipamentos ou *purchased equipament cost* (PEC), aquisição de terreno, construção, produção de utilidade (água, energia, ar comprimido etc.) e instalação dos equipamentos; esses são os chamados de investimento de capital fixo, ou *fixed capital investment* (FCI). O FCI ocorre no tempo zero,

Análise exergoeconômica

início do projeto, até o período de construção, sendo composto por custos diretos e indiretos. Os custos diretos são referentes a equipamentos permanentes, material, trabalho e outros custos envolvidos na fabricação, montagem e instalação permanentes. Os custos indiretos não fazem parte das instalações permanentes, mas são necessários para o projeto.

Existe o investimento total de capital, ou *total capital investiment* (TCI), composto pelo FCI e por outras despesas, como os custos indiretos (IC). Bejan, Tsatsaronis e Moran (1996) explicam os custos por meio de uma tabela do investimento total de capital (TCI).

Tabela 3.7 Partes do investimento total de capital – TCI.

I. Investimento de Capital Fixo (FCI)
A. Custo direto (DC)
1. Custo Local (ONSC)
• Custo de aquisição de equipamentos (PEC, 15% a 40% do FCI)
• Custo de instalação de equipamentos (20% a 90% do PEC; 6% a 14% do FCI)
• Dutos (10% a 70% do PEC; 3% a 20% do FCI)
• Instrumentação e controle (6% a 40% do PEC, 2% a 8 % do FCI)
• Equipamentos e materiais elétricos (10% a 15% do PEC; 2% a 10% do FCI)
2. Custo externo (OFSC)
• Terreno (0 a 10% do PEC; 0 a 2% do FCI)
• Trabalho civil, estrutural e de arquiteto (15% a 90% do PEC; 5% a 23% do FCI)
• Serviços de utilidade (30% a 100% do PEC; 8% a 20% do FCI)
B. Custos indiretos (IC)
1. Engenharia e supervisão (25% a 75% do PEC; 6% a 15% do DC; 4% a 21% do FCI)
2. Custo de construção incluindo lucro do contratante (15% do DC; 6% a 22% do FCI)
3. Contingências (8% a 25% da soma dos custos acima; 5% a 20% do FCI)
II. Outros fora à disposição
A. Custo de partidas (5% a 12% do FCI)
B. Capital de giro (10% a 20% do FCI)
C. Custo de licenças, pesquisas e desenvolvimento
D. Provisão para fundos usados durante a construção (AFUDC)

Fonte: Bejan, Tsatsaronis e Moran (1996).

Quando os custos de fabricante não estão disponíveis, ou o tempo de espera é elevado, podem-se utilizar correlações ou cartas para avaliar os custos de aquisição dos equipamentos z_i (PEC). Eles são usados na Equação (3.10) para a análise exergoeconômica. As cartas foram construídas através de vários dados de custos e apresenta o custo-base de aquisição (C_B). A carta exibida na Figura 3.6 apresenta o C_B para geradores de vapor segundo Bejan, Tsatsaronis e Moran (1996) e Ulrich (1984):

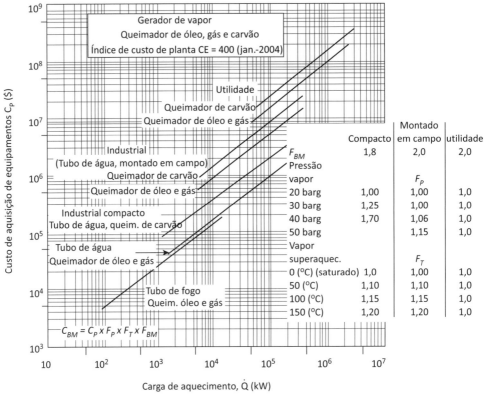

Figura 3.6 Custo de aquisição de gerador de vapor.

Fonte: adaptada de Bejan, Tsatsaronis e Moran (1996) e Ulrich (1984).

As cartas podem apresentar informações de efeitos como diferentes características, materiais, temperatura, pressão no custo. Esses efeitos são considerados através de fatores como f_d design, f_m materiais, f_T temperatura e f_p pressão, os quais se relacionam com o custo-base. Também podem apresentar o fator módulo f_{BM}. Os módulos incluem o preço do equipamento mais equipamentos auxiliares e conexões. Os fatores podem ser relacionados segundo as duas expressões a seguir:

$$C_M = C_B . f_d . f_m . f_T . f_P . f_{BM} \tag{3.28}$$

$$C_M = C_B . [(f_d + f_T + f_P) . f_m + f_{BM} - 1] \tag{3.29}$$

Os coeficientes podem ser relacionados para a relação (3.28) e (3.29).

Análise exergoeconômica

Tabela 3.8   Coeficientes dos fatores no custo-base.

Equação (3.28)		Equação (3.29)	
Material	f_m	Material	f_m
Aço-carbono	1,0	Aço-carbono	1,0
Alumínio	1,3	Alumínio e bronze	1,07
Aço inoxidável (baixa grau)	2,4	Ferro fundido	1,1
Aço inoxidável (alto grau)	3,4	Aço-carbono 304	1,3
Hastelloy C	3,6	Aço-carbono 316	1,3
Monel	4,1	Aço-carbono 321	1,5
Níquel e Inconel	4,4	Hastelloy C	1,55
Titânio	5,8	Monel	1,65
		Níquel e Inconel	1,7

Fonte: Smith (2005), Towler (2007) e Tsatsaronis (2014).

Para o fator de material em vasos de pressão, coluna de destilação e trocadores de calor, tem-se a Tabela 3.9:

Tabela 3.9   Fator de material para Equação (3.28).

Vaso de pressão e coluna de destilação		Trocador de calor casco e tubo	
Material	f_m	Material	f_m
Aço-carbono	1,0	Casco e tubos de aço c.	1,0
Aço inoxidável (baixa liga)	2,1	Casco de aço c., tubos de alumínio	1,3
Aço inoxidável (alta liga)	3,2	Casco de aço c., tubos de Monel	2,1
Monel	3,6	Casco de aço c., tubos de aço inox (BL)	1,7
Inconel	3,9	Casco e tubos de aço inox (BL)	2,9
Níquel	5,4		
Titânio	7,7		

Fonte: Smith (2005) e Tsatsaronis (2014).

Para fatores de pressão e temperatura em equipamentos em geral para a Equação (3.28), tem-se:

Tabela 3.10 Fator de pressão e temperatura.

Projeto Pressão (bar)	f_P	Projeto de temperatura (°C)	f_T
0,01	2,0	0 ... 100	1,0
0,1	1,3	300	1,6
0,5 até 7,0	1,0	500	2,1
50	1,5		
100	1,9		

Fonte: Smith (2005) e Tsatsaronis (2014).

Para fatores de tamanho, pode-se utilizar a regra dos seis décimos; quando não houver referências, considera-se o expoente como 0,6:

$$C_{PE,Y} = C_{PE,W} \left(\frac{Z_Y}{Z_W} \right)^{0,6} \tag{3.30}$$

Quando houver citação na literatura, essa nova referência apresenta melhor precisão. Deve-se observar a faixa de aplicação do expoente.

Tabela 3.11a Fator de tamanho.

Equipamentos	Variável característica X	Faixa de X	Expoente α
Resfriador de ar	Área de superfície	28-650 m²	0,75
Ventilador (axial, centrífugo e alternativo, c/s unidade)	Potência	0,05-8 MW	0,95
Ventilador (rotativo, c/s unidade)	Potência	0,05-1,2 MW	0,60
Caldeira (industrial, compacta, carvão, gás ou óleo)	Alta carga	1,5-80 MW	0,73
Caldeira (industrial, montada em campo, carvão, gás ou óleo)	Alta carga	5-350 MW	0,78
Caldeira (utilidade, carvão, gás ou óleo)	Alta carga	50-2000 MW	0,85

(continua)

Análise exergoeconômica

Tabela 3.11a Fator de tamanho (*continuação*).

Equipamentos	Variável característica X	Faixa de X	Expoente α
Compressor (axial, centrífugo e alternativo, c/s unidade)	Potência	0,05-8 MW	0,95
Compressor (rotativo, c/s pá-guia)	Potência	0,05-1,2 MW	0,60
Torres de resfriamento	Taxa de água gelada	0,05-9 m³/s	0,93
Unidade de bomba, ventilador ou compressor – unidade de turbina a gás – unidade de motor a gás – motor a gás – unidade de turbina	Potência	0,07-7,5 MW 0,07-7,5 MW 0,04-7,5 MW 0,15-7,5 MW	0,70 0,70 0,93 0,43
Secador (tambor, vácuo)	Área da superfície	1,0-10 m²	0,76
Secador (tambor, atmosfera)	Área da superfície	1,0-10 m²	0,40
Duto	Área da seção transversal	0,05-10 m²	0,55
Motor elétrico	Potência	3,5-15 kW 15-150 kW 0,15-6 MW	0,80 1,00 0,40
Evaporador	Área superficial	10-1000 m²	0,54
Ventilador (centrífugo)	Fluxo volumétrico	0,5-5,0 N m³/s 9,5-33 N m³/s	0,44 1,17

Fonte: Peters e Timmerhaus (1991), Ulrich (1984), Garrett (1989), Guthrie (1974), Baasel (1990), Bejan, Tsatsaronis e Moran (1996).

Tabela 3.11b Fator de tamanho.

Equipamentos	Variável característica X	Faixa de X	Expoente α
Queimador	Alta potência	0,5-10 MW	0,78
Turbina a gás de combustão	Potência líquida	0,01-15 MW 70-200 MW	0,65 0,89
Trocador de calor – tubo concêntrico – placa plana – casco e tubo – placa em espiral – tubo em espiral	Área superficial	0,2-6,0 m² 15-1500 m² 15-400 m² 2-200 m² 2-20 m²	0,16 0,40 0,66 0,43 0,60
Funil (industrial)	Capacidade	25-2000 m²	0,68

(*continua*)

Tabela 3.11b Fator de tamanho (*continuação*).

Equipamentos	Variável característica X	Faixa de X	Expoente α
Motor de combustão interna	Potência	0,007-10 MW	0,81
Tubulação	Diâmetro do duto	5-75 cm	0,95
Vaso de pressão	Altura do conjunto de bandeja	1-120 m	0,97
Bomba (alternativa com motor)	Potência	0,02-0,3 kW 0,3-20 kW 20-200 kW	0,25 0,45 0,84
Bomba (centrífuga; com motor)	Potência	0,02-0,3 kW 0,3-20 kW 20-200 kW	0,23 0,37 0,48
Bomba (vertical; com motor)	Capacidade de circulação	0,06-20 m³/s	0,76
Bomba (turbina)	Potência	0,5-300 kW	0,45
Reator	Volume	0,2-4 m³	0,55
Separador (centrífugo)	Capacidade	1,4-7 m³	0,49
Chaminé	Altura	10-150 m	1,20
Turbina a vapor – sem condensação – de condensação	Potência	0,1-15 MW 50-600 MW	0,50 0,90
Tanque de armazenamento	Volume	0,07-150 m³	0,30
Vaso de armazenamento	Volume	150-19000 m³	0,65
Tanque (cabeça plana)	Volume	0,4-40 m³	0,57
Tanque (revestido de vidro)	Volume	0,4-4 m³	0,49
Transformador	Capacidade	0,2-50 MVA	0,39

Fonte: Bejan, Tsatsaronis e Moran (1996).

O fator módulo inclui o preço do equipamento mais equipamentos auxiliares e conexões. Exemplos do fator modular para fornalha: trocador de calor, resfriador de ar, vasos, unidades de bombeamento e compressor e tanques. Além dos gastos com o equipamento, existem os gastos com tubos, concreto, aço, instrumentação, equipamentos elétricos, isolamento, pintura etc.

Análise exergoeconômica

Tabela 3.12 Fator de módulo.

Detalhes	Trocadores			Vasos		Bomba e Unidade	Compressor e Unidade	Tanques
	Forna-lhas	Casco e Tubo	Res-friador de ar	Ver-tical	Hori-zontal			
Equipamento	1,00	1,00	1,00	1,00	1,00	1,00	1,00	1,00
Tubulação	0,18	0,46	0,18	0,61	0,42	0,30	0,21	
Concreto	0,10	0,05	0,02	0,10	0,06	0,04	0,12	
Aço		0,03		0,08				
Instrumento	0,04	0,10	0,05	0,12	0,06	0,03	0,08	
Elétricos	0,02	0,02	0,12	0,05	0,05	0,31	0,16	
Isolamento		0,05		0,08	0,05	0,03	0,03	
Tinta			0,01	0,01	0,01	0,01	0,01	
Total de materiais = M	1,34	1,71	1,38	2,05	1,65	1,72	1,61	1,20
Construção e configuração (L)	0,30	0,63	0,38	0,95	0,59	0,70	0,58	0,13
X, excluindo preparação do local e	1,64	2,34	1,76	3,00	2,24	2,42	2,19	1,33
Auxiliares (M+L)		0,08		0,08	0,08	0,08	0,08	0,08
Frete, seguro, taxas, engenha-ria, escritório, construção	0,60	0,95	0,70	1,12	0,92	0,97	0,97	
Despesas gerais ou de campo								
Fator total do módulo	2,24	3,37	2,46	4,20	3,24	3,47	3,24	1,41

Fonte: Guthrie (1968); Bejan, Tsatsaronis e Moran (1996).

Bejan, Tsatsaronis e Moran (1996) desenvolveram equações de custo dos equipamentos com valores em dólar (US$):

a) Compressor de ar

$$PEC_c = 71,1.\dot{m}_{ar}.\left[\frac{1}{0,92-\eta_c}\right].r_c.\ln(r_c) \tag{3.31}$$

Onde $r_c = \dfrac{P_{sai}}{P_{ent}}$ é a razão de compressão, m_a é a massa de ar úmido kg/s, η é a eficiência isentrópica.

b) Câmara de combustão

$$PEC_{cc} = 46,08.\dot{m}_{ar}.\left[\frac{1}{0,995-\dfrac{P_{sai}}{P_{ent}}}\right].(1+e^{(0,018.T-26,4)}) \tag{3.32}$$

T é a temperatura máxima dos gases em Kevin, P_{sai} e P_{ent} são a pressão na saída e na entrada da câmara, respectivamente.

c) Turbina a gás

$$PEC_t = 479,34.\left[\frac{\dot{m}_g}{0,93-\eta_t}\right].\ln\left(\frac{P_{ent}}{P_{sai}}\right).(1+e^{(0,036.T-54,4)}) \tag{3.33}$$

$\dot{m}_g$ é o fluxo de massa de gases de combustão kg/s,

d) Turbina a vapor

$$PEC_{steam} = 3880,5.W^{0,7}.\left(1+\left(\frac{0,05}{1-\eta_{sST}}\right)^3\right).(1+5.e^{\left(\frac{T_{in}-866K}{10,42K}\right)})$$

W é a potência kW, η_s é a eficiência isentrópica, T_{in} é a temperatura de entrada K.

e) Preaquecedor de ar

$$PEC_{aph} = 4122.\left(\frac{\dot{m}_g.(h_{ent}-h_{sai})}{18.\Delta T_{ML}}\right)^{0,6} \tag{3.34}$$

h é a entalpia específica em J/kg

Análise exergoeconômica **45**

f) Caldeira de recuperação de calor

$$PEC_{HRSG} = 6570.\left[\left(\frac{\dot{Q}_{ec}}{\Delta T_{ec}}\right)^{0,8} + \left(\frac{\dot{Q}_{ev}}{\Delta T_{ev}}\right)^{0,8} + \left(\frac{\dot{Q}_{sh}}{\Delta T_{sh}}\right)^{0,8}\right] + 21276.\dot{m}_w + 1184.4.\dot{m}_{g}^{1,2}$$

(3.35)

ec = economizador

ev = evaporador

sh = vapor superaquecido

m_w = fluxo de água

m_g = fluxo de gases de combustão (kg/s)

Q = taxa de calor kW

O custo dos equipamentos referentes ao sistema de refrigeração por absorção é estimado pela área de troca ou potência segundo as relações a seguir.

Geradores de vapor, condensador, evaporador, absorvedor e trocador de calores:

$$Z_K = Z_{R,K}\left(\frac{A_K}{A_R}\right)^{0,6}$$

(3.36)

Bomba:

$$Z_P = Z_{R,P}\left(\frac{\dot{W}_P}{\dot{W}_{R,P}}\right)^{0,26} . \left(\frac{1-\eta_P}{\eta_P}\right)^{0,5}$$

(3.37)

Motor:

$$Z_m = Z_{R,m}\left(\frac{\dot{W}_m}{\dot{W}_{R,m}}\right)^{0,87} . \left(\frac{1-\eta_m}{\eta_m}\right)$$

(3.38)

As constantes estão organizadas na Tabela 3.13. Todos esses custos foram atualizados com a ajuda de Índice de Equipamento de Marshall & Swift (M & S) (disponível no jornal mensal *Chemical Engineering Journal*, 2000).

Tabela 3.13 Custo de referência de componentes de sistemas de absorção.

Custo de referência de componente (A_R = 100 m^2), $W_{R,P}$ = 10 kW, $W_{R,m}$ = 10 kW)	
Componente	**Custo de referência ($)**
Gerador de alta e baixa pressão	17500
Condensador	8000
Evaporador	16000
Absorvedor	16500
Trocador de calor de solução	12000
Bomba	2100
Motor	500
Válvula de expansão ou estrangulamento	300

Fonte: Misra (2003).

Outra equação que pode substituir a taxa de custo nivelado (3.10) de trocador de calor é apresentada por Misra, Sahoo e Gupta (2002), conforme Bejan, Tsatsaronis e Moran (1996) e Wall (1991):

$$\dot{Z}_j = \left(Z_{0,j} \left[\frac{\dot{Q}_j}{U_{0,j}.A_{o,j}} . \left[-\ln\left(1 - \varepsilon_j\right) \right] \right] . \frac{B_{P,j}}{T_0} \right) . \xi \tag{3.39}$$

Onde $Z_{0,j}$ é o custo de investimento por trocador de calor 1000\$/kW, Q_j é a taxa de calor kW, U_0 é o coeficiente global de troca kW/m^{2}K, ε_j é a efetividade do trocador, B_p é a exergia do produto kW, T_0 é a temperatura ambiental K e ξ é o fator de recuperação de capital ou amortização s^{-1}.

O custo de coletores solares do tipo cilíndrico parabólico com comprimento de abertura de 5,76 m, distância focal 0,94 m, incluindo absorvedor com diâmetro 0,07 m a vácuo (ε = 0,17), refletor revestido de prata (ρ = 0,94), rastreador solar (KEARNEY; PRICE, 1999). O coletor do tipo LS-3 possui um eixo simples de rastreamento e é alinhado na direção norte-sul, com rastreador de sol de leste a oeste. PEC (Purchased Equipment Cost) = 355 \$/m^2.

Os valores dos equipamentos foram estimados para determinada época. Com o tempo, eles precisam ser corrigidos para o ano de referência. A expressão de índice do custo faz essa atualização.

Análise exergoeconômica

$$Custo\_no\_ano\_de\_referência = custo\_original. \left(\frac{índice\_de\_custo\_no\_ano\_de\_referência}{índice\_de\_custo\_no\_ano\_que\ o\_custo\_original\_foi\_obtido} \right)$$

$$(3.40)$$

O índice do custo é um indicador da inflação no custo dos equipamentos, materiais e trabalho. Existem indicadores para:

a) Plantas químicas, Chemical Engineering CE, informada mensalmente na revista *Chemical Engineering*;

b) Processos industriais químicos, Marshall and Swift M&S na revista *Chemical Engineering and in the Oil and Gas Journal.*

c) Grupos Industriais, U.S. Buerau of Labor Statistic na revista *The Monthly Labor Review*, e vários outros indicadores.

Para períodos acima de 10 anos, é recomendado tomar cuidado no indicador, pois o custo pode ter sido afetado por mudanças nas novas tecnologias de manufatura e competitividades que reduzem os custos. Uma tabela do índice de custos pode ser visualizada a seguir:

Tabela 3.14   Índice de custos.

Ano	1963	1964	1965	1966	1967	1968	1969	1970	1971	1972
Média anual	102,4	103,3	104,2	107,2	109,7	113,7	119,0	125,7	132,3	137,2
Ano	1973	1974	1975	1976	1977	1978	1979	1980	1981	1982
Média anual	144,1	165,4	182,4	192,1	204,1	218,8	238,7	261,2	297,0	314,0
Ano	1983	1984	1985	1986	1987	1988	1989	1990	1991	1992
Média anual	317,0	322,7	325,3	318,4	232,8	342,4	355,4	357,6	361,3	358,2
Ano	1993	1994	1995	1996	1997	1998	1999	2000	2001	2002
Média anual	359,2	368,1	381,1	381,7	386,5	389,5	390,6	394,1	394,3	395,6
Ano	2003	2004	2005	2006	2007	2008	2009	2010	2011	2012
Média anual	402,0	444,2	468,2	499,6	525,4	575,4	521,9	550,8	585,7	584,6

Fonte: Chemical Engineering (2012).

O custo do combustível gás natural varia conforme a região e a época. Ele pode ser avaliado em base mássica em função da densidade 0,25 $/m^3/0,762 kg/m^3 = 0,3281 $/kg.

Ulrich e Vasudevan (2006) apresentam uma projeção do custo específico de combustíveis por ano em $/GJ para gás natural, gasolina, óleo combustível, madeira/resíduo sólido, carvão e combustível nuclear.

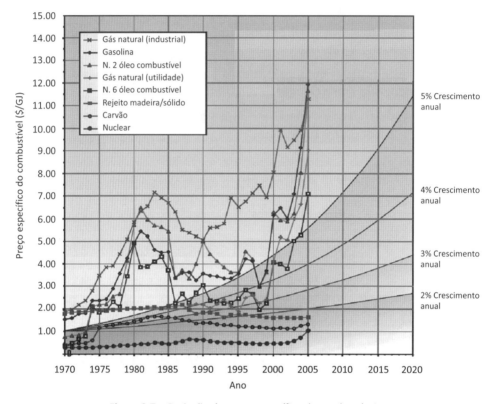

Figura 3.7 Projeção do custo específico de combustíveis.
Fonte: adaptada de Ulrich e Vasudevan (2006).

Alguns custos de eletricidade, calor e frio podem ser observados na Tabela 3.15. A eletricidade pode ser produzida por turbinas a gás (GT), turbina a vapor (ST) ou motor diesel (DE). Isso resulta em diferentes valores de custos.

Análise exergoeconômica

Tabela 3.15 Custo de eletricidade, vapor e frio em dólar.

Custo do produto	Características	Referência
Eletricidade (elet.) GT 13,96 $/GJ; ST 37,69 $/GJ; média 18,89 $/GJ	Turbina a gás (GT) e vapor (ST) combinada elet. GT 23,7 MW+elet. ST 6,3 MW total = 29,0 MW	Colpan e Yesin (2006)
Eletricidade 4,48 $/GJ	Turbina a gás e gerador de vapor combinados, elet. GT 23,7 MW+ vapor 6,3 MW = 29,0 MW, motor diesel: potência/vapor combinado, 11,5 MW, 2,5 kg/s de vapor a 140 °C	Yildirim e Gungor (2012)
Eletricidade GT 20,9 $/GJ, frio 45,4 $/GJ, vapor 11,4 $/GJ	Turbina a gás, chiller de absorção, gerador de vapor combinados elet. 19,23 MW, frio 6,96 MW, vapor 24,65 MW	Graebi et al. (2011)
Eletricidade M. Diesel 45,95 $/GJ, Frio 167,52 $/GJ, calor e vapor (29,98 e 42,42) $/GJ	Trigeneração motor alternativo gás-diesel com turbina para comprimir o ar, chiller de absorção, água quente, elet. 5,9 MW, frio 0,54 MW, calor e vapor 2,46+1,82 MW	Balli, Aras e Hepbasli (2010)
Eletricidade ST 76,75 $/GJ; GT 60,89 $/GJ	Turbina a gás e vapor combinada integrada a coletor solar. Turbina a gás 2 x 125,0 MW + turbina a vapor 150,0 MW = 400,0 MW, energia útil do campo de coletores 51,76 MW	Baghernejad e Yahoubi (2010)

REFERÊNCIAS

BAASEL, W. D. *Preliminary chemical engineering plant design.* 2. ed. New York: Van Nostrand Reinhold, 1990.

BAGHERNEJAD, A.; YAGHOUBI, M. Multi-objective exergoeconomic optimization of an integrated solar combined cycle system using evolutionary algorithms. *International Journal of Energy Research*, New York, v. 35, n. 7, p. 601-615, 2010.

BALLI, O.; ARAS, H.; HEPBASLI, A. Thermodynamic and thermoeconomic analyses of a trigeneration (TRIGEN) system with a gas-diesel engine: Part II: an application. *Energy Conversion and Management*, New York, v. 51, p. 2260-2271, 2010.

BEJAN, A.; TSATSARONIS, G.; MORAN, M. *Thermal design and optimization.* New Jersey: John Wiley & Sons, Inc., 1996.

CHEMICAL ENGINEERING JOURNAL, Marshall & Swift, Equipment Cost Index. Abr. 2000. Disponível em: <http://www.equipment-cost-index.com/>. Acesso em: 10 maio 2014.

COLPAN, C. O.; YESIN, T. Energetic, exergetic and thermoeconomic analysis of Bilkent combined cycle cogeneration plant. *International Journal of Energy Research*, New York, v. 30, n. 11, p. 875-889, 2006.

FRANGOPOULOS, C. A. Introduction to environomics. In: REISTAD, G. M. (Ed.). *Symposium on thermodynamics and energy systems*. Atlanta: ASME; 1991. p. 49-54. [Winter Annual Meeting].

GARRETT, D. E. *Chemical engineering economics*. New York: Van Nostrand Reinhold, 1989.

GRAEBI, H. et al. Energy, exergy and thermoeconomic analysis of a combined cooling, heating and power (CCHP) system with gas turbine prime mover. *International Journal of Energy Research*, New York, v. 35, n. 8, p. 697-709, 2011.

GUTHRIE, K. M. Data and techniques for capital cost estimating. *Chemical Engineering*, New York, v. 76, p. 114-142, 1968.

_____. *Process plant estimating, evaluation and control*. Solana Beach: Craftsman, 1974.

KEARNEY, D.; PRICE, H. Parabolic-trough technology roadmap a pathway for sustained commercial development and deployment of parabolic-trough technology. Macau: SunLab NREL, 1999. Disponível em: <http://library.umac.mo/ebooks/b12549289.pdf>. Acesso em: 10 jan. 2014.

LAZZARETTO, A.; TSATSARONIS, G. SPECO: a systematic and general methodology for calculating efficiencies and costs in thermal systems. *Energy*, New York, v. 31, p. 1257-1289, 2006.

_____. On the calculation of efficiencies and costs in thermal systems. *Proceedings of the ASME Advanced Energy Systems Division*, Nashville, v. 39, 1999.

LOZANO, M. A; Valero A. Theory of the exergetic cost. *Energy*, New York, v. 18, n. 9, p. 939-960, 1993.

MEYER, L. et al. Exergoenvironmental analysis for evaluation of the environmental impact of energy conversion systems, *Energy*, New York, v. 34, p. 75-89, 2009.

MISRA, R. D. et al. Thermoeconomic optimization of a single effect water/LiBr vapour absorption refrigeration system. *International Journal of Refrigeration*, Guildorf, v. 26, p. 158-169, 2003.

MISRA, R. D.; SAHOO, P. K.; GUPTA, A. Application of the exergetic cost theory to the LiBr/H_2O vapour absorption system. *Energy*, New York, v. 27, 1009-1025, 2002.

NEBRA, S. A. *Termoeconomia*: análise exergoeconômica de sistemas térmicos. Campinas: Unicamp, Departamento de Engenharia Mecânica, 2002. [Apostila]

PETERS, M. S.; TIMMERHAUS, K. D. *Plant design and economics for chemical engineers*. 4. ed. New York: McGraw-Hill, 1991.

SMITH, R. *Chemical process design and integration*. New Jersey: John Wiley, 2005.

TOWLER, G.; SINNOTT, R. K. *Chemical engineering design*: principles, pratice and economies of plant and process design. Oxford: Butterworth-Heinemann, 2007.

TSATSARONIS, G. *Notes of class – chapter 3*: economic analysis. Berlin: Fachgebiet Energietechnik und Umweltschutz, Institut für Energietechnik, 2014.

TSATSARONIS, G.; CZIESLA, F. Thermoeconomics. In: _____. *Encyclopedia of physical science and technology*. v. 16. 3. ed. New York: Academic Press, 2002. p. 659-680.

TSATSARONIS, G.; LIN, L. On exergy costing in exergoeconomics. *Computer-Aided Energy Systems Analysis*, Houston, v. 21, 1990.

ULRICH, G. D. *A guide to Chemical Engineering process design and economics*. New York: Wiley, 1984.

ULRICH, G. D.; VASUDEVAN, P. T. How to estimate utility costs. *Chemical Engineering*, New York, v. 113, n. 4, p. 66, 2006.

WALL, G. Optimization of refrigeration machinery. *International Journal of Refrigeration*, Guildford, v. 14, p. 336-340, 1991.

YILDIRIM, U.; GUNGOR, A. An application of exergoeconomic analysis for a CHP system. *Electrical Power and Energy Systems*, Oxford, v. 42, p. 250-256, 2012.

CAPÍTULO 4
Análise exergoambiental

Sua finalidade é avaliar os impactos ambientais e incorporar critérios de sustentabilidade aos processos de conversão de energia. Desejam-se processos eficientes com redução do consumo de combustível e baixo custo. Porém esses processos devem ser combinados com baixo impacto ambiental, como a redução da liberação de CO_2, principal gás do efeito estufa. A combinação entre exergia e fatores ambientais é avaliada por vários pesquisadores, como Szargut, Morris e Steward (1988) e Frangopoulos (1991).

Sua metodologia utiliza a análise exergética (exergoeconômica) nos equipamentos com análise ambiental. Szargut (1978) definiu um indicador ambiental e Szargut, Ziebik e Stanek (2002) desenvolveram uma metodologia que não levava em consideração o custo dos poluentes gerados. Novos trabalhos surgiram, como os de Meyer et al. (2009) que consideram os poluentes gerados, incorporando a análise de ciclo de vida dos componentes e utilizando um novo indicador (ecoindicador 99). A análise de ciclo de vida é uma técnica conhecida que avalia a completa vida dos produtos e serviços por meio de inventários do consumo de recursos naturais, energia e emissões.

Meyer et al. (2009) descrevem a metodologia da análise exergoambiental, a qual será abordada. Foram considerados os materiais dos componentes no ciclo de vida. Essa análise é semelhante à exergoeconômica.

4.1 ECOINDICADOR 99

Inicialmente deve-se definir o indicador ambiental utilizado. Existem vários tipos, mas se adota o ecoindicador 99, uma evolução do ecoindicador 95, que não considerava substâncias com pequeno tempo de vida, conforme Goekoop, Effing e Collignon (2000).

Sua unidade é o point (Pt) ou milipoint (mPt), que indica uma carga ambiental anual. Seu valor absoluto não é relevante, mas seu propósito é comparar diferenças de valores. O valor 1 Pt representa um milésimo da carga ambiental anual de um habitante europeu médio. Esse valor é calculado dividindo-se o total de carga ambiental na Europa pelo número de habitantes e multiplicando-o pelo fator de escala 1000.

Por exemplo, valores de impacto ambiental devido à emissão de gases poluentes na Europa Pt/kg e o impacto ambiental devido à produção de energia elétrica na Alemanha Pt/kWh podem ser observados na Tabela 4.1.

Tabela 4.1   Ecoindicador para emissões e geração de eletricidade na Alemanha (Pt/kg ou Pt/kWh).

Emissão ou produtos	Ecoindicador de pontos
1 kg CO_2 emitido	0,0054545
1 kg CH_4 emitido	0,1146225
1 kg N_2O emitido	1,7922000
1 kg N_{Ox} emitido	2,7493600
1 kg S_{Ox} emitido	1,4993700
1 kg CO emitido	0,0083636
1 kwh de eletricidade na Alemanha	0,01302

Fonte: adaptada de Meyer et al. (2009).

Os gases N_{Ox} exercem efeito nocivo na saúde humana (sistema respiratório) e na qualidade do ecossistema (acidificação e eutroficação). A eutrofização ou eutroficação é o fenômeno causado pelo excesso de nutrientes químicos (fósforo ou nitrogênio) em uma massa de água, provocando aumento na proliferação das algas, diminuição do oxigênio dissolvido, morte e decomposição de organismos, diminuição da qualidade da água e profunda alteração do ecossistema. Os gases CO_2 só apresentam efeito nocivo sobre a saúde humana e as variações climáticas. Uma tabela com vários valores pode ser obtida em Goekoop, Effing e Collignon (2000) e em Goekoop e Spriensma (2001).

Outros exemplos, como o impacto ambiental causado pela produção de eletricidade em vários países, estão na Tabela 4.2.

Grécia, Itália e Portugal apresentam alto impacto ambiental na produção de eletricidades, pois suas fontes são termoelétricas de origem fóssil (petróleo, carvão e gás

Análise exergoambiental 55

natural). Já França e Suíça têm baixo impacto ambiental na produção de eletricidades, pois suas fontes são de energia nuclear (na França) e de energia hidráulica e nuclear (na Suíça). Ressalte-se que esses valores são relativos ao ano de 2003 e mudam, pois as formas de produção são dinâmicas.

Tabela 4.2 Ecoindicador para geração de eletricidade em 2003 (mPt/kWh).

Eletricidade (milipontos por kWh)		
	Indicador	Descrição
Incluindo produção de combustível		
Eletr. AV Europa (UCPTE)*	22	Alta voltagem (> 24 kVolt)
Eletr. MV Europa (UCPTE)	22	Média voltagem (1kV – 24 kVolt)
Eletr. BV Europa (UCPTE)	26	Baixa voltagem (< 1000 Volt)
Eletricidade BV Áustria	18	Baixa voltagem (< 1000 Volt)
Eletricidade BV Bélgica	22	Baixa voltagem (< 1000 Volt)
Eletricidade BV Suíça	8,4	Baixa voltagem (< 1000 Volt)
Eletricidade BV Grã-Bretanha	33	Baixa voltagem (< 1000 Volt)
Eletricidade BV França	8,9	Baixa voltagem (< 1000 Volt)
Eletricidade BV Grécia	61	Baixa voltagem (< 1000 Volt)
Eletricidade BV Itália	47	Baixa voltagem (< 1000 Volt)
Eletricidade BV Holanda	37	Baixa voltagem (< 1000 Volt)
Eletricidade BV Portugal	46	Baixa voltagem (< 1000 Volt)

* UCPTE = Union for the Coordination of Production and Transmission of Electricity.

As fontes de produção de eletricidade podem ser observadas na Figura 4.1.

Cada produto – como equipamento, eletricidade etc. – tem seu impacto ambiental influenciado por vários aspectos. Por isso, é necessária uma análise do ciclo de vida da metodologia do ecoindicador 99, conforme descrito por Goekoop, Effing e Collignon (2000) e Goekoop e Spriensma (2001).

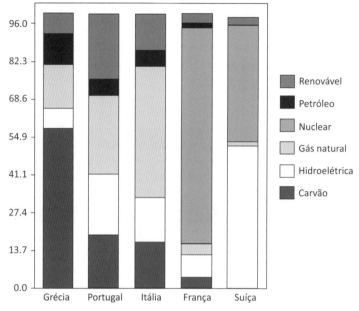

Figura 4.1 Fontes de eletricidade por país.
Fonte: Indexmundi (2014).

4.2 CICLO DE VIDA

O ecoindicador está disponível para as seguintes etapas:

- Materiais: baseado por quilograma de material. Para considerar os materiais de um produto, são incluídos os impactos, desde a extração das matérias-primas até a última fase de produção. Por exemplo: chapas de aço são incluídas desde a extração do minério e do coque até o processo de laminação. Tabelas com valores do peso de cada equipamento e os materiais que formam os componentes constam nas Tabelas 4.9 e 4.10.

- Processo produtivo: cada processo produtivo tem um indicador, podendo ser baseado por kg, m² ou volume desgastado. O impacto ambiental está relacionado com as emissões do processo e da geração de energia necessárias no processo, como fundição.

- Transporte: consideram o impacto das emissões causadas pela extração e produção de combustíveis e geração de energia a partir de combustível durante o transporte. Sua unidade é 1 tonelada (1.000 kg) de bens transportados por quilômetro (1 tkm). Em transporte rodoviário a granel, pode-se utilizar o volume (m³.km) de bens transportados por quilômetro. O transporte pode ser o ferroviário, que se baseia no impacto médio europeu gerado por taxa de diesel para tração elétrica. Para o transporte aéreo com diferentes tipos de avião de carga, utiliza-se uma eficiência média para condições europeias. Deve ser considerado se o avião faz uma viagem de volta vazio. Bens de capital, como a produção de caminhões e de infraestrutura rodoviária ou ferroviária, e a manipulação de aviões de carga em aeroportos são incluídos nos valores dos impactos, pois eles não são desprezíveis.

- Geração de energia: as unidades são por eletricidade ou calor. Os impactos referem-se à extração e à produção de combustíveis e de conversão de energia e geração de eletricidade. A eficiência média é utilizada. Para a conta de energia elétrica, a pontuação é tirada dos diversos combustíveis utilizados na Europa para gerar eletricidade. Um ecoindicador foi determinado para eletricidade de alta tensão (processos industriais), e também para a baixa tensão (uso doméstico e em pequena escala industrial). A diferença está na perda de corrente e na infraestrutura necessária, como os cabos. As grandes diferenças entre os países devem-se às diferentes tecnologias utilizadas para produzir energia elétrica. Na Alemanha seu valor é 13 mPt/kWh, conforme a Tabela 4.1.

- Descarte e processamento de resíduos e reciclagem: os produtos são dispostos de diferentes maneiras. Assim os indicadores devem considerar cada método de tratamento de resíduos. Se um produto consiste principalmente de papel ou vidro, é razoável considerar o descarte em reciclagem de vidro ou papel; mas, se o produto possui pequena composição de papel ou vidro, esses materiais vão acabar no sistema de processamento de resíduos sólidos urbanos. Os cinco cenários sobre descarte dos resíduos são discutidos:

1) **Lixo doméstico**. Os materiais são encaminhados para o sistema de recolha de resíduos urbanos. O impacto é baseado na média do tratamento de resíduos doméstico na Europa;

2) **Resíduo municipal**. É considerado o cenário médio de resíduos urbanos do processamento de resíduos na Europa. Assume-se que em certa proporção são depositados em aterro e o restante é incinerado. O impacto ambiental do transporte no caminhão de lixo também está incluído;

3) **Incineração**. Supõe-se que a incineração seja efetuada em uma unidade média suíça com sistema de lavagem no ano 2000. Uma proporção de aço e alumínio também é recuperada e reciclada nas escórias do incinerador. Além disso, a energia é gerada e fornecida à rede de eletricidade;

4) **Aterros**. A deposição em aterro é baseada em modernos aterros suíços (ano 2000) com a purificação da água e boa impermeabilização, resultando em poucas substâncias nocivas no lençol freático;

5) **Reciclagem**. Os processos de reciclagem causam carga ambiental, mas também resultam em produtos úteis que podem ser interpretados como ganho ambiental. A reciclagem evita a produção de materiais. Tanto a carga ambiental como o ganho ambiental variam em cada caso. Isso depende, entre outros fatores, da

pureza das matérias-primas e da qualidade dos materiais de saída. Os dados da referência devem ser interpretados como exemplo para uma situação bastante ideal, sendo bastante incertos e devendo ser julgados com cuidado. Para metais ferrosos, o impacto ambiental do processo é de 24 mPt/kg e evita a produção de –94 mPts/kg, resultando em –70 mPts/kg.

Um interessante exemplo do ciclo de vida de uma cafeteira é apresentado por Goekoop, Effing e Collignon (2000).

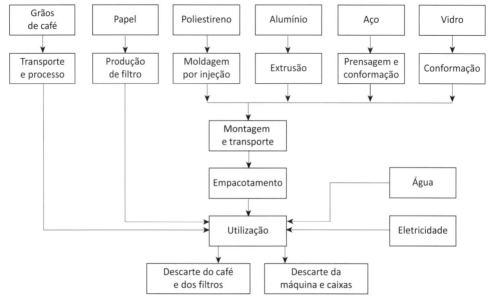

Figura 4.2   Exemplo de uma cafeteira.
Fonte: Goekoop, Effing e Collignon (2000).

Foi considerado, na análise da cafeteria, um tempo de vida de cinco anos, funcionando duas vezes por dia com meia capacidade (cinco xícaras) e mantendo o café quente por trinta minutos.

A Tabela 4.3 apresenta os dados de produção da cafeteria com materiais envolvidos e calor gerado para formação do vidro por fusão.

Nesse período assumiu-se que foram utilizados 3.650 filtros de café (7,3 kg de papel) e 375 kwh de eletricidade. Na Tabela 4.4 estão os dados da utilização e do descarte da cafeteira e do papel do filtro.

Análise exergoambiental 59

Tabela 4.3 Dados de produção da cafeteria.

Produção – Materiais, tratamentos, transporte e energia extra			
Materiais ou processo	**Quantidade**	**Indicador**	**Resultado**
Poliestireno	1 kg	360	360
Moldagem por injeção PE	1 kg	21	21
Alumínio	0,1 kg	780	78
Extrusão Al	0,1 kg	72	7
Aço	0,3 kg	86	26
Vidro	0,4 kg	58	23
Calor em queimador de gás (conformação)	4 MJ	5,3	21
Total [mPt]			536

Fonte: Goekoop, Effing e Collignon (2000).

Tabela 4.4 Dados de utilização e descarte da cafeteria.

Utilização – Transporte, energia e possíveis materiais auxiliares			
Processo	**Quantidade**	**Indicador**	**Resultado**
Eletricidade baixa voltagem	375 kWh	37	13875
Papel	7,3 kg	96	701
Total [mPt]			14576
Descarte – Processo de descarte para cada tipo de material			
Material e tipo de processo	**Quantidade**	**Indicador**	**Resultado**
Lixo municipal, PE	1 kg	2	2
Lixo municipal, ferroso	0,4 kg	− 5,9	− 2,4
Lixo municipal, vidro	0,4 kg	− 6,9	− 2,8
Lixo municipal, papel	7,3 kg	0,71	5,2
Total [mPt]			2
Total [mPt] (todas as fases)			15114

Fonte: Goekoop, Effing e Collignon (2000).

Os resultados revelam a fase com maior impacto (utilização). 96,4% do impacto ambiental está na fase de utilização e o restante nas fases de produção e de resíduos. A otimização da cafeteira deve tentar reduzir o consumo de energia e posteriormente reduzir o consumo de papel. A caixa de poliestireno apresenta impacto predominante entre os materiais. Goekoop, Effing e Collignon (2000) apresentam todas essas tabelas com materiais, processo produtivo, transporte, geração de energia e descarte.

4.3 METODOLOGIA

O ecoindicador 99 é limitado espacialmente. Ele foi desenvolvido para Europa, mas existem danos em escala local e global. Os valores de todas as emissões e uso da terra são assumidos que ocorrem na Europa. Porém ocorrem em escala global, os danos à camada de ozônio, efeito estufa, danos de substâncias radioativas, danos às fontes. Os danos devido a substâncias cancerígenas persistentes são modelados em regiões adjacentes na Europa.

Não há razões para restringir seu uso em outras regiões. Estudos preliminares têm sido feitos para adaptar essa metodologia para o Japão e Colômbia conforme Gomez (1998).

A metodologia do ecoindicador 99 foi desenvolvida na Holanda e proposta sob a coordenação do Ministério da Habitação holandês para utilização do solo e ambiente. Foi calculada grande quantidade de valores de ecoindicadores padrão para serem utilizados em materiais e processos. A metodologia do ecoindicador 99 contribui para a interpretação dos dados da análise do CV, pois transforma seus dados em pontuações de danos (*damage scores*).

O método consiste em onze categorias de efeitos que podem ser organizados em três categorias de danos (na fonte, na qualidade do ecossistema e na saúde humana). Um esquema das etapas da metodologia de pontuação de danos do ecoindicador 99 está na Figura 4.3.

A metodologia do ecoindicador 99 se inicia com o inventário das fontes de combustíveis minerais e fósseis, ocupação e uso da terra, emissões gasosas, particuladas e metais pesados. Deseja-se fazer a ligação dessas fontes com o dano e posteriormente pontuá-las. Essas fontes são analisadas quanto ao seu destino. Por exemplo, metais pesados podem ter como destino rios (concentração em águas) e também solos (concentração em solo urbano e agricultura). Posteriormente se analisam a exposição e os efeitos. O impacto é associado principalmente com o efeito potencial, e não com o efeito imediato. O efeito potencial está relacionado com a concentração da fonte de poluente. Como para a toxidade de substâncias no ecossistema, a fração potencialmente afetada (PAF – *potentially affected fraction*) de organismos terrestres e marítimos é exposta acima de uma concentração sem efeito (NOEC – *the no observed effect concentration*), o aumento da concentração afeta uma grande quantidade das espécies. Observe a curva na Figura 4.4 para valor de NOEC de 0,0001.

Análise exergoambiental 61

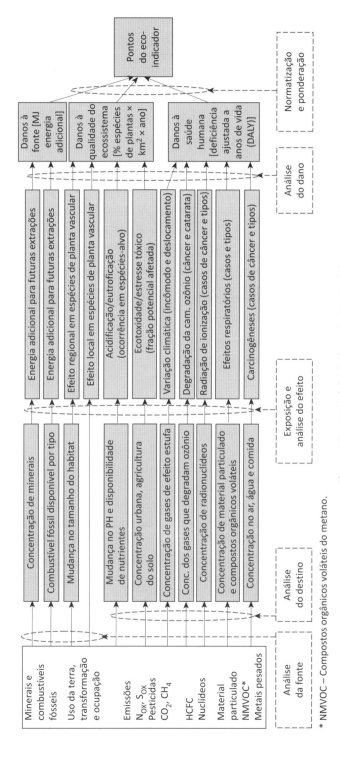

Figura 4.3 Metodologia do ecoindicador 99.
Fonte: Goekoop e Spriensma (2001).

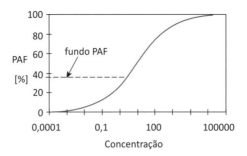

Figura 4.4 Curva PAF *versus* concentração.
Fonte: Goekoop e Spriensma (2001).

Existem outras medidas de análise dos efeitos. Após se definirem as possíveis onze categorias de efeitos, definem-se as três possíveis categorias de danos:

1) Na saúde humana: o ser humano, no presente e no futuro, deve ser livre de doenças transmissíveis ambientalmente, por deficiência ou por morte prematura;

2) Na qualidade do ecossistema: espécies não humanas não devem sofrer variações na sua população geográfica;

3) Na fonte: suprimentos naturais de bens sem vida essenciais à sociedade devem ser disponíveis para gerações futuras.

Os danos à saúde humana em um indivíduo, no presente ou futuro, pode ocorrer por redução da vida (morte prematura), deficiência temporária ou permanente das funções do corpo. Os efeitos na Figura 4.3 podem ser doenças infecciosas respiratórias devido à emissão de poluentes; doenças cardiovasculares e cancerígenas, devido à radiação ionizante; danos aos olhos, devido à degradação da camada de ozônio; câncer no pulmão, devido às emissões de substâncias químicas no ar, na água potável e nos alimentos. A unidade para avaliar os diferentes tipos de danos à saúde humana é a escala DALY (*Disability Adjusted Life Years*, isto é, anos de vida ajustados à deficiência). O sistema de pontuação DALY é uma escala ponderada da deficiência com valores entre 0 e 1. O valor (0) significa saúde perfeita e (1) significa morte. O valor isolado DALY pode ser entendido desta maneira: se um câncer causar a redução média da vida em 10 anos em relação à expectativa de vida, isso significa que seu valor é 10 DALY. O dano à saúde humana também é avaliado em relação à duração da doença. Se uma doença tem uma pontuação 0.392 DALY e as pessoas permanecem em média 0,01 ano (3,65 dias) em tratamento no hospital, seu valor ponderado é 0,004 DALY.

Os danos à qualidade do ecossistema são mais complexos devido à existência de vários organismos individuais de plantas ou animais. São danos à porcentagem de uma espécie ameaçada ou que desaparece por área durante um tempo:

a) Os danos à qualidade do ecossistema devido à toxidade são avaliados com dados de organismos terrestres e marítimos. A fração afetada potencialmente (PAF) é a unidade avaliada;

b) Os danos à qualidade do ecossistema devido à acidificação e à eutroficação são medidos por outra unidade, que se relaciona à área ocupada. A acidificação e a eutroficação afetam a probabilidade de a população de uma planta ocupar determinada área. Sua unidade é a probabilidade de ocorrência (POO – *Probability Of Occurrence*), que pode ser relacionada com a fração de desaparecimento potencial (PDF) da seguinte maneira: PDF = 1 – POO. Os efeitos da acidificação ou da eutroficação são realizados por modelos computacionais de deposição de elementos químicos como N_{Ox}, S_{Ox} e N_{H3}. São avaliados os danos em espécies específicas;

c) Os danos à qualidade do ecossistema em virtude do uso da terra são realizados por observações devido à sua complexidade. Consideram-se os danos a todas as espécies juntas. Os efeitos podem ser locais ou regionais. Os efeitos locais se referem às variações das espécies dentro da terra ocupada ou convertida, e os efeitos regionais se referem às variações das espécies fora da terra ocupada ou convertida. Sua unidade é uma combinação do PAF com PDF sendo PDF [m^2. Ano]. Sua unidade indica que o dano aumenta com o aumento da área e com o tempo de ocupação ou restauração.

O gráfico a seguir relaciona números de espécies com sua área ocupada:

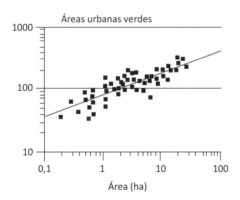

Figura 4.5 Curva do número de espécies *versus* área.
Fonte: Köllner (1999) apud Goekoop e Spriensma (2001).

Os danos à fonte estão relacionados à limitação das fontes naturais minerais e combustíveis fósseis. Se são considerados os depósitos exploráveis, observa-se que são muito pequenos em comparação com os anos de extração. Existe o fato de a concentração da fonte diminuir com o tempo. A relação da quantidade de minério disponível com a concentração está na Figura 4.6.

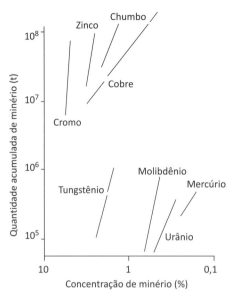

Figura 4.6 Relação entre quantidade de minério disponível e sua concentração.
Fonte: Chapman e Roberts (1983) apud Goekoop e Spriensma (2001).

Devido à dificuldade de relacionar quantidade e qualidade, a metodologia do ecoindicador 99 utiliza a qualidade das fontes. Assume-se que os depósitos com alta concentração de minério estão se reduzindo, levando as futuras gerações a trabalhar com baixa concentração. A concentração média dos minérios se reduz a cada extração. Quanto mais minério é extraído, mais energia é necessária para futuras extrações. A unidade é a energia necessária (MJ/kg) de minério extraído.

Após a definição das várias fontes de emissões gasosas e metais pesados, deve-se classificá-las quanto ao seu destino, distribuindo-as em onze categorias de efeitos e organizando-as em três categorias de danos, resultando em uma variedade de unidades (ver Figura 4.3). Para obter uma pontuação do impacto ambiental, utilizaram-se a normalização e a ponderação. Usou-se o padrão europeu de normatização. A normatização utiliza a estatística para relacionar todas as unidades.

A importância de cada categoria de danos (na saúde humana, na qualidade do ecossistema e na fonte) que a sociedade percebe é determinada de duas maneiras: a primeira é a percepção atual dos gastos de seguros de saúde com a saúde humana, gastos do governo com a biodiversidade; a segunda opção é por meio de questionários específicos a 365 membros de um grupo suíço de LCA.

As fontes de incerteza são:

a) Incerteza fundamental: dúvida em relação às escolhas feitas, às hipóteses assumidas para o desenvolvimento do método. Não é fácil de quantificar, como o que foi considerado e incluído. Qual a comprovação científica para a hipótese?

b) Operacional: a variação de parâmetros pode causar a variação dos resultados. Existem outras categorias, como bem-estar, felicidade e segurança, que não foram consideradas por falta de modelo de previsão ou falta de dados. Utiliza-se a distribuição estatística para seu controle.

A última fase do modelo do ecoindicador 99 para chegar a uma quantificação é a ponderação. Estudo sobre a modelagem da subjetividade distinguiu cinco tipos básicos de sistema, observando a forte relação entre pessoas e grau de vida individual envolvida nas opiniões impostas externas (redes). Essa teoria chama-se teoria cultural, que define cinco tipos de comportamento pessoal, mas esse número não é fixo. O gráfico a seguir mostra os tipos de pessoas e suas relações de influência sobre um grupo e sua ligação com imposições externas (redes).

Figura 4.7 Relação entre tipos de pessoas e influências na teoria cultural.
Fonte: Thompson, Ellis e Wildavsky (1990).

As características das pessoas as dividem em:

a) Individualistas: são livres de forte ligação com o grupo e com influência externa. Os limites são provisórios e negociáveis. Embora livres de controle dos outros, são engajados em controlar os outros.

b) Igualitárias: têm forte ligação com o grupo e fraca ligação com influência externa. Não há diferença entre o papel interno, e a relação entre os grupos são ambíguas e os conflitos são fáceis de ocorrer.

c) Hierárquicas: têm forte ligação com o grupo e com influência externa. Pessoas controlam outras e são controladas, havendo alto grau de estabilidade no grupo.

d) Fatalísticas: têm forte ligação com influência externa, mas não com o grupo. Agem individualmente e são controlados por outros.

e) Autônomas: poucas pessoas que não têm ligação com o grupo e com o externo.

As duas últimas foram desconsideradas, pois o fatalístico não tem opinião e o autonomista pensa de modo completamente independente. A versão hierárquica se apoia em áreas científicas e políticas com suficiente reconhecimento. Ela é preferida na comunidade científica e política como a elaboração dos painéis climáticos IPCC. A versão hierárquica atribui peso 40% para saúde humana, 40% para qualidade do ecossistema e 20% para fonte. Goekoop e Spriensma (2001) apresentam uma tabela com essa metodologia. Após a ponderação, obtém-se um valor de impacto ambiental em Pts ou mPts por unidade kg ou MJ ou m^3.

4.4 BALANÇO EXERGOAMBIENTAL

A análise exergoambiental é semelhante à exergoeconômica, iniciando com um balanço no âmbito de componente. Essas metodologias são descritas por Meyer et al. (2009) e Petrakopoulus et al. (2012).

A taxa de impacto ambiental $\dot{B}$ de um fluxo j [pts/s] é o produto da taxa exergética (E) em [kW] pelo ecoindicador 99 específico (b) em [pts/kJ].

$$\dot{B}_j = E_j.b_j \tag{4.1}$$

O balanço exergoambiental afirma que a soma dos impactos ambientais de todos os fluxos de entrada mais o impacto ambiental do componente é igual à soma dos impactos ambientais de todos os fluxos de saída.

$$\sum_{i=1}^{e} \dot{B}_{i,k} + \dot{Y}_k + \dot{B}_k^{PF} = \sum_{i=1}^{s} \dot{B}_{j,k} \tag{4.2}$$

Onde: $\dot{Y}_k$ ... é o impacto ambiental do componente, $\dot{B}_k^{PF}$ ... é o ecoindicador da formação de poluente (CO, CO_2, CH_4, N_{Ox}) dentro do componente quando ocorrem reações químicas, i e j são os números de fluxos de entrada (e) e saída (s), k... são os componentes.

O impacto ambiental do componente é desenvolvido pelo ciclo de vida descrito anteriormente. Ele é composto pelos impactos de construção (CO) somado aos impactos de operação e manutenção (OM) mais o impacto de descarte (DI).

$$\dot{Y}_k = \dot{Y}_k^{CO} + \dot{Y}_k^{OM} + \dot{Y}_k^{DI} \tag{4.3}$$

Semelhantemente ao balanço exergoeconômico, são determinados os fluxos de combustível (f) para obter os fluxos dos produtos (p).

No balanço, o número de equações é menor do que o número de variáveis, assim, utilizam-se proposições auxiliares semelhantes à descrita no método SPECO.

Para avaliação ambiental dos componentes, pode-se utilizar a diferença relativa do ecoindicador ($r_{b,k}$) conforme a equação a seguir:

Análise exergoambiental 67

$$r_{b,k} = \frac{b_{f,k} - b_{p,k}}{b_{f,k}} = \frac{\dot{B}_{D,k} + \dot{Y}_k}{b_{f,k} \cdot \dot{E}_{P,k}} \tag{4.4}$$

Onde $\dot{B}_{D,k}$ é o ecoindicador da destruição de exergia calculada por $\dot{B}_{D,k} = b_{f,k} \cdot \dot{E}_{D,k}$, sendo $b_{f,k}$ ... o ecoindicador específico por unidade de exergia do combustível do componente e $\dot{E}_{D,k}$ ... a exergia destruída no componente.

Esse parâmetro é um indicador do potencial para reduzir o impacto ambiental associado com o componente. O elevado valor indica que o impacto ambiental do respectivo componente pode ser reduzido com menor esforço em relação a um componente com menor valor. Esse parâmetro representa a qualidade ambiental do equipamento.

A causa do impacto ambiental pode ser avaliada pelo fator exergoambiental ($f_{b,k}$) segundo a equação:

$$f_{b,k} = \frac{\dot{Y}_k}{\dot{Y}_k + \dot{B}_{D,k}} \tag{4.5}$$

O fator exergoambiental ($f_{b,k}$) representa uma comparação do impacto ambiental do componente $\dot{Y}_k$ pelo impacto causado pela exergia destruída $\dot{B}_{D,k}$. Para valores baixos, indica que o componente tem alto impacto ambiental relacionado à destruição de exergia, e melhorar na eficiência desse equipamento deve ser o foco para redução dos impactos ambientais. Valores acima de 0,7 indicam que a fonte dominante do impacto ambiental é do componente; para valores abaixo de 0,3, a fonte dominante é da destruição de exergia.

Depois de determinar os fatores ambientais dos componentes, as conclusões do projeto devem ser no sentido das melhorias para reduzir o fator ambiental total da planta térmica. Após as análises energética, exergética, exergoeconômica e exergoambiental do ciclo, será possível identificar os equipamentos com menor eficiência, maior irreversibilidade, maior custo, o maior gerador de impacto ambiental e qual o efeito dessa melhoria.

Combustível (gás natural): é um dos principais combustíveis industriais, sendo composto por uma mistura de gases com alta concentração de metano. O valor do impacto ambiental de cada combustível varia de acordo com cada processo de extração, produção e refino e cada país. Goekoop e Spriensma (2001) apresentam um valor de impacto ambiental do gás natural de 3,57 mPts/MJ ou 108 mPts/kg. Esse valor é decorrente de danos à fonte pela extração de combustíveis fósseis.

O software SimaPro, da Pre-Sustainability apresenta dois valores do impacto ambiental de gás natural, porém não é explícito: um valor corresponde a um tipo de gás livre de enxofre oriundo da Suíça, cujo inventário do ciclo de vida (CV), indica sua origem em uma unidade de processamento simples. Foram consideradas as etapas do CV: exploração em campo, produção, purificação, transporte a longas distâncias, distribuição regional, energia necessária nas etapas, materiais de trabalho, produção de equipamentos, poluentes e vazamento. O outro valor de gás natural é oriundo de extrações *offshore* e *onshore* com valor médio de 27 países europeus (EU-27). Na análise de CV, foi considerado o transporte do gás em dutos, e outra parte do gás era transportada no estado liquefeito em vasos. As fases do CV foram: exploração, produção, processamento (retirada de enxofre), liquefação, regaseificação, transporte a longa distância e distribuição até o consumidor e vazamento. Obviamente o valor 3,57 mPts/MJ é subdimensionado, mas o ciclo de vida do gás deve ser descrito para poder mensurar para cada país.

As bases de dados do CV provêm principalmente de dados para a Europa e América do Norte. Mas surgem alguns trabalhos preliminares no Brasil, como a avaliação do impacto ambiental para petróleo *offshore* (CARVALHO, 2008; CAMPOS, 2012). Coelho (2009) avaliou o ciclo de vida da geração de eletricidade no Brasil. A maioria dos estudos é executada em âmbito internacional e por isso autores tentam desenvolver impactos ambientais mais específicos de seu país. O valor do impacto ambiental de gás natural em uma planta de potência combinada foi estimada para a Índia por Agrawal et al. (2014). Os autores dividiram as fases do ciclo de vida em processos anteriores *up-stream* e de combustão. Os processos *up-stream* incluem extração, tratamento e transporte de gás natural do local de extração até a planta de potência (253 km). Os dados da planta relativos na emissão no ar atmosférico, águas residuais, combustível utilizado foram coletados da própria planta. A taxa de calor e o poder calorífico inferior do gás natural (LHV) são de 2.025 kcal/kWh e 11.728 kcal/kg.

Esses processos anteriores *up-stream* e de combustão no ciclo de potência combinado são apresentados na Figura 4.8.

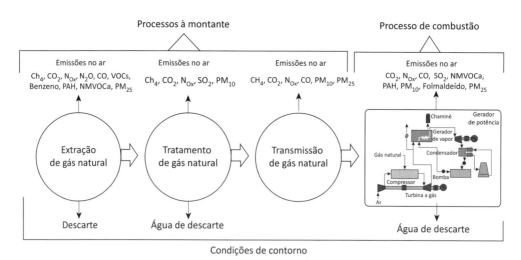

Figura 4.8 Fases dos processos do gás natural em um ciclo de potência.

Fonte: Agrawal et al. (2014).

Análise exergoambiental

69

Os dados foram normalizados e ponderados pela perspectiva hierástica conforme Goekoop e Spriensma (2001). A Tabela 4.5 indica os valores de normatização e ponderação pela perspectiva hierástica.

Tabela 4.5 Fator de danos na perspectiva hierástica.

Danos	Normatização	Ponderação
Saúde humana	$1{,}54 \times 10^{-2}$	400
Qualidade do ecossistema	$5{,}13 \times 10^3$	400
Fonte	$8{,}41 \times 10^3$	200

Fonte: Goekoop e Spriensma (2001).

A Tabela 4.6 apresenta os dados de impacto ambiental do gás natural durante os processos *upstream* de extração, tratamento, transporte do trabalho de Agrawal et al. (2014) por unidade de energia (kWh) e converte, por meio da taxa de calor, o poder calorífico inferior do gás natural para unidade de massa (kg). Também foi incluído o impacto relativo a danos à fonte, conforme Goekoop e Spriensma (2001). Os dados de combustão não foram incluídos, pois se deseja somente o impacto ambiental para produção do gás natural.

Tabela 4.6 Impacto ambiental do gás natural nos processos *up-stream*.

Categoria de danos	Unidade kWh	Unidade kg de combustível	Fator de normalização dos danos	Fator de ponderação dos danos
Aquecimento global e potencial de mudança climática	$1{,}2 \times 10^{-7}$ DALY/kWh	$6{,}95 \times 10^{-7}$ DALY/kg	$4{,}51 \times 10^{-6}$	1,81 mPts/kg
Acidificação e potencial de eutroficação	0,0024 PDF.m^2.yr/kWh	0,014 PDF.m^2.yr /kg	$2{,}65 \times 10^{-6}$	1,1 mPts/kg
Danos à saúde humana devido à potencial carcinogênico	$3{,}3 \times 10^{-9}$ DALY/kWh	$1{,}91 \times 10^{-8}$ DALY/kg	$1{,}24 \times 10^{-6}$	0,5 mPts/kg
Danos à saúde humana devido à respiração de inorgânicos	$1{,}03 \times 10^{-7}$ DALY/kWh	$5{,}97 \times 10^{-7}$ DALY/kg	$3{,}87 \times 10^{-5}$	15,5 mPts/kg
Danos à saúde humana devido à respiração de orgânicos	$4{,}0 \times 10^{-10}$ DALY/kWh	$2{,}32 \times 10^{-9}$ DALY/kg	$1{,}50 \times 10^{-7}$	0,1 mPts/kg

(continua)

Tabela 4.6 Impacto ambiental do gás natural nos processos *up-stream* (*continuação*).

Categoria de danos	Unidade kWh	Unidade kg de combustível	Fator de normalização dos danos	Fator de ponderação dos danos
Ecotoxicidade potencial	0,0016 PAF.m².yr/kWh	0,00903 PAF.m².yr/kg	1,76 x 10⁻⁶	0,7 mPts/kg
Danos causado à fonte devido à extração do gás natural				108,0 mPts/kg
Total				143,9 Pts/kg

Os danos à fonte representam 75% do impacto ambiental total e danos à saúde humana devido à respiração de inorgânicos representam 12,5% do impacto ambiental total. Os danos à fonte indicam mais esforço para extrair fontes restantes devido ao declínio do combustível fóssil de fácil extração. Sua unidade é o esforço extra como energia adicional. A descoberta de novas fontes de combustíveis altera esse valor.

Os danos à saúde humana ocorrem durante as fases de extração do gás natural e seu tratamento. Vários tipos de substâncias tóxicas orgânicas, como orgânicos voláteis, aromáticos, benzeno, etano, formaldeídos, butano, benzo(α)pireno e ânions arsênicos são lançados no ar atmosférico e nas águas residuais.

Para contabilizar valores mais reais e precisos do impacto ambiental dos combustíveis, novas pesquisas devem ser realizadas.

Fatores como dados disponíveis, restrição de tempo e recursos disponíveis são o limite dessa metodologia. Devido à falta de dados disponíveis – como o peso dos componentes, dos materiais do compressor de ar, da câmara de combustão e da turbina de gás –, seus valores podem ser avaliados como troncos de cilindros, o compressor e a turbina, e como cilindros, a câmara de combustão. A estimativa do peso de ciclo de turbina simples é estimada conforme as características no esquema a baixo.

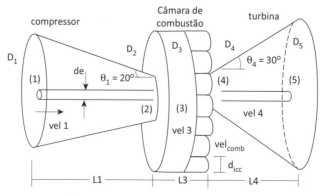

Figura 4.9 Esquema de ciclo de turbina.

Análise exergoambiental   **71**

Eles foram modelados pela taxa do fluxo de massa do fluido m no interior dos componentes pela velocidade e área transversal e a espessura t de vaso de pressão em função da pressão de ruptura de cilíndrico com as seguintes equações.

$$m = \rho.vel.A \tag{4.6}$$

$$t = \frac{p.D.CS}{2.\sigma} \tag{4.7}$$

Onde: t é a espessura do equipamento.

Por simplificação, o peso das palhetas móveis e fixas do compressor e da turbina foi considerado aumentando-se em 50% o peso do tronco de cilindro. Quando o ar entra na câmara de combustão, 20% (ar primário) participa da combustão dentro dos 18 combustores, o restante escoa pela câmara para resfriar a estrutura. A densidade do aço é de 7870 kg/m³. Foi considerada a tensão de ruptura (σ) do aço ASTM A (2.1/4 %Cr, 1% Mo) de 21 MPa segundo o efeito da fluência com tempo de ruptura de 100.000 horas na temperatura de 650 °C. Esse aço é utilizado em caldeiras a vapor.

Os valores de velocidade e coeficiente de segurança foram ajustados a partir de dados de massa. Os valores de velocidade foram comparados com o perfil de velocidade de Gallo e Walter (2000) e os coeficientes de segurança foram comparados com valores de caldeiras a vapor recomendado pela ASME conforme Croft (1921). Seus dados recomendados estão na Tabela 4.7.

Tabela 4.7   Dados de velocidade e coeficiente de segurança para estimativa do peso dos componentes de ciclo de turbina.

Compressor	vel 1 = 15 m/s	$CS_1 = 2$
Câmara de combustão	vel 3 = 6,2 m/s	$CS_3 = 1,5$
Combustor	vel comb = 13,3 m/s	$CS_{can} = 2,0$
Turbina	vel 4 = 50 m/s	$CS_4 = 4,3$

O modelo permite determinar as dimensões como diâmetros e comprimentos dos componentes e avaliar seu peso.

Para análise de ciclo de vida de outros equipamentos, é necessário determinar seu peso, sua composição e o processo de manufatura dos componentes. Com o peso de componentes baseado nos dados de Gallo e Walter (2000), Cabreira (2010), Croft (1921), Goldstein Júnior (1992) e Martins de Oliveira (2009), foram sugeridas correlações conforme a Tabela 4.8:

Tabela 4.8   Peso de componentes do sistema.

Componente	Função peso:
HRSG Caldeira de recuperação de calor composta por: – Superaquecedor – Evaporador – Economizador	Unidades: t, MW $w_{SH} = 8,424.\dot{Q}^{0,87}$ $w_{Eva} = 13,91.\dot{Q}^{0,68}$ $w_{Eco} = 2,340.\dot{Q}^{1,15}$ P < 25 bar $w_{Eco} = 2,989.\dot{Q}^{0,97}$ P > 25 bar
Coletor solar	Unidades: t, m, comprimento da calha parabólica = 6,20 m $W_{coll} = 0,0626.L$ (comprimento)
Bomba de condensado	Unidades: t, kW $w = 0,0061.W^{0,95}$, P = 3,5 bar
Turbina a vapor	Unidades: t, MW $w_{ST} = 4,90.\dot{W}^{0,73}$
Bomba e motor	Unidades: t, kW $w = 0,175.\ln(W)-1,06$, P = 135 bar $w = 0,0631.\ln(W)-0,197$, P = 25 bar $w = 0,125.\ln(W)-0,0415$, P = 4,3 bar
Trocador de calor sem mudança de fase	Unidades: t, kW $w_{HE} = 2,14.\dot{Q}^{0,7}$
Condensador	Unidades: t, MW $w_{cond} = 0,073.\dot{Q}^{0,99}$
Desaerador	Unidades: t, kg/s $w_{Dea} = 2,49.\dot{m}_w^{0,7}$

Análise exergoambiental

As composições de componentes, baseadas nos dados de Cabreira (2010) e Martins de Oliveira (2009) e com os respectivos ecoindicadores 99, estão na Tabela 4.9:

Tabela 4.9 Composição e ecoindicador de componentes de sistema.

Componente	Material	Porcentagem do material	Ecoindicador 99 mPts/kg	Pontos específicos mPts/kg
Compressor de ar	Aço	33%	86	131
	Aço de baixa liga	45%	110	
	Ferro fundido	22%	240	
Câmara de combustão	Aço	33%	86	729
	Aço de alta liga	77%	910	
Turbina a gás e a vapor	Aço	25%	86	202
	Aço de alta liga	75%	240	
Superaquecedor	Aço	25%	86	704
	Aço de baixa liga	75%	910	
Evaporador Economizador Desaerador	Aço	100%	86	86
Bomba	Aço	35%	86	186
	Ferro fundido	65%	240	
Motor/ Gerador elétrico	Aço	20%	86	410
	Ferro fundido	60%	240	
	Cobre	15%	1400	
	Alumínio – material primário	5%	780	

Fonte: adaptada de Cabreira (2010) e Martins de Oliveira (2009).

74
Análise exergoeconômica e exergoambiental

Tabela 4.10a Processo de produção e processo de geração de calor para a fabricação de componentes.

Componente			Processo	Descrição	Ecoindicador 99 mPts por kg, m^3, MJ, mm^2	Pontos específicos mPts/kg
Compressor	Casco 33% do peso		Moldagem: calor de combustão de gás em fornalha	Eficiência de fornalha 60%, calor de fusão 0,47 MJ/kg	5,3 mPts/MJ	0,82
			Soldagem	Percentagem em peso da solda acrescido 0,5%	4000 mPts/kg brasagem	6,60
	Eixo 22% do peso		Fresagem, torneamento ou furação	Percentagem de material removido em peso 5%	0,8 mPts/m^3 de material removido	1,13
	Palhetas 45% do peso		Moldagem: calor de combustão de gás em fornalha	Eficiência de fornalha 60%, calor de fusão 0,47 MJ/kg	5,3 mPts/MJ	1,12
			40,5% fresagem, torneamento ou furação	Percentagem de material removido em peso 5%	0,8 mPts/m^3 de material removido	2,07
			4,5% corte/ estampagem-aço	1 mm espessura x perímetro	0,00006 mPts/mm^2 de superfície cortada	0,04
				Total		11,7
Câmara de combustão			Corte/ estampagem-aço	1 mm espessura x perímetro	0,00006 mPts/mm^2 de superf. cortada	8,5E-05
			Soldagem	Percentagem de material removido em peso 0,5%	4000 mPts/kg solda	20
				Total		20
Turbina	Casco 33% do peso		Moldagem: calor de combustão de gás em fornalha	Eficiência de fornalha 60%, calor de fusão 0,47 MJ/kg	5,3 mPts/MJ	0,82
			Soldagem	Percentagem em peso da solda acrescido 0,5%	4000 mPts/kg solda	20
	Eixo 22% do peso		Fresagem, torneamento ou furação	Percentagem de material removido em peso 5%	0,8 mPts/m^3 de material removido	1,13
	Palhetas 45% do peso		Moldagem: calor de combustão de gás em fornalha	Eficiência de fornalha 60%, calor de fusão 0,47 MJ/kg	5,3 mPts/MJ	1,12
			40,5% fresagem, torneamento ou furação	Percentagem de material removido em peso 5%	0,8 mPts/m^3 de material removido	2,07
			4,5% corte/ estampagem-aço	1 mm espessura x perímetro	0,00006 mPts/mm^2 de superf. cortada	0,02
				Total		11,7

Análise exergoambiental 75

Tabela 4.10b Processo de produção e processo de geração de calor para a fabricação de componentes.

Componente	Processo	Descrição	Ecoindicador 99 mPts por kg, m³, MJ, mm²	Pontos específicos mPts/kg
Trocador de calor	Furação	Percentagem de material removido em peso 0,05%	0,8mPts/m³ de material removido	0,051
Trocador de calor	Soldagem	Percentagem em peso da solda acrescido 0,30%	4000 mPts/kg de solda	12
	Total			12,1
Motor	Aço 20%, corte	1 mm espessura x perímetro	0,00006 mPts/mm² de superf. cortada	8,5E-05
Motor	Ferro fundido 60%, moldagem: calor de combustão de gás em fornalha	Eficiência de fornalha 60%, calor de fusão 0,47 MJ/kg	5,3 mPts/MJ	2,49
Motor	Cobre 15%	Extrusão	72 mPts/kg	10,8
Motor	Alumínio 5%, moldagem: calor de combustão de gás em fornalha	Eficiência 60%, calor de fusão 0,60 MJ/kg	5,3 mPts/MJ	3,18
Motor	Soldagem	Percentagem de peso da solda acrescida 0,01%	4000 mPts/kg solda	0,4
	Total			16,9
Coletor	Soldagem	Percentagem de peso da solda acrescida 0,05%	4000 mPts/kg solda	2,0
Coletor	Recobrimento de prata	0,099 m²/kg razão superfície da calha por peso total	49 mPts/m²	4,9
Coletor	Vidro 2%, moldagem: calor de combustão de gás em fornalha	Eficiência 60%, calor de fusão 2,4 MJ/kg	5,3 mPts/MJ	0,42
	Total			7,3

REFERÊNCIAS

AGRAWAL, K. K; JAIN, S.; JAIN, A; DAHIYA S. A life cycle environmental impact assessment of natural gas combined cycle thermal power plant in Andhra Pradesh, India. *Environmental Development*, Amsterdam, v. 11, p. 162-174, July 2014.

CABREIRA, M. M. *Exergoenvironmental Analysis of oxyfuel-based combined-cycle power plants including CO_2 capture*. 2010. Thesis (Master) – Energy Engineering Institute of the Technical University of Berlin, Berlin, 2010.

CAMPOS, M. G. *Abordagem de ciclo de vida na avaliação de impactos ambientais no processamento primário offshore*. 2012. Projeto (Graduação em Engenharia) – Universidade Federal do Rio de Janeiro, Rio de Janeiro, 2012.

CARVALHO, P. G. C. A. *Aplicação do Programa SimaPro na Avaliação do Impacto Ambiental causado na Produção e Exploração Offshore de Petróleo, UFRJ, EQ-ANP Processamento, Gestão e Meio Ambiente na Indústria do Petróleo e Gás Natural*. 2008. Projeto (Graduação em Engenharia) – Universidade Federal do Rio de Janeiro, Rio de Janeiro, 2008.

CHAPMAN, P. F.; ROBERTS, F., 1983. Monographs in Materials. Metal Resources and Energy. Butterworths, 1983.

COELHO, C. 2009. Master's Thesis in the Industrial Ecology. Life cycle assessment parameters adaptation for Brazilian electricity generation, Chalmers University of Technology, Department of Energy and Environment. Disponível em: http:// publications. lib.chalmers.se/records/fulltext/99311.pdf. Acesso em: 10 out. 2014.

CROFT, T. *Steam Boilers*. New York: McGraw-Hill, 1921.

FRANGOPOULOS, C. A. Introduction to environomics. In: REISTAD, G. M. (Ed.). *Symposium on thermodynamics and energy systems*. Atlanta: ASME, 1991. p. 49-54 [Winter Annual Meeting].

GALLO, W. L. R.; WALTER, A. C. S. *Apostila da disciplina EM 713:* Máquinas Térmicas. DEM. Campinas: Unicamp, 2000.

GOEKOOP, M.; EFFING, S.; COLLIGNON, M. Eco-indicator 99/Manual for Designers – A damage oriented method for Life Cycle Impact Assessment, October 2000, 2nd, Ministry of Housing, Spatial Planning and the Environment. Disponível em: <http://www. pre-sustainability.com/download/manuals/EI99_Manual.pdf>. Acesso em: 10 out. 2014.

GOEKOOP, M.; SPRIENSMA, R. The ecoindicador 99: A damage oriented method for Life Cycle Impact Assessment – Methodology Report. Netherlands: Pré Consultants, June 2001, 3rd, Ministerie van Volkshuisvesting, Rulmtelike Ordening em Milieubeheer. Disponível em: <http://www.pre-sustainability.com/download/misc/EI99_methodology_v3.pdf >. Acesso em: 10 out 2014.

GOLDSTEIN JÚNIOR, L. *Apostila do curso de trocador de calor:* projeto termo-hidráulico de trocador de calor casco e tubo sem mudança de fase. Rio de Janeiro: IPT, 1992.

GOMEZ, J. D. 1998. Msc Thesis. *Approach for the use of the eco indicator 98 concept in latin America*. Delft: IHE, 1998.

INDEXMUNDI. *Electricity production by source*. 2014. Disponível em: http://www.index-mundi.com/facts/visualizations/electricity-production/>. Acesso em: 14 out. 2014.

KÖLLNER, T. *Life-Cycle Impact Assessment for Land Use*. Effect Assessment Taking the Attribute Biodiversity into Account. Submitted for the Journal of Cleaner Production. April 1999.

MARTINS DE OLIVEIRA, J. G. S. *Seminário técnico*: materiais usados na construção de motores elétricos. Porto Alegre: PUC-RS, Faculdade de Engenharia Elétrica, 2009.

MEYER, L. et al. Exergoenvironmental analysis for evaluation of the environmental impact of energy conversion systems. *Energy*, New York, v. 34, p. 75-89, 2009.

PETRAKOPOULUS, et al. Environmental evaluation of a power plant using conventional and advanced exergy-based methods. *Energy*, New York, v. 45, p. 23-30, 2012.

SZARGUT, J. Minimization of the consumption of natural resources. *Bulletin of the Polish Academy of Sciences. Technical* Sciences, Warsaw, v. 26, n. 6, p. 41-46, 1978.

SZARGUT, J.; MORRIS, D. R.; STEWARD, F. R. *Exergy analysis of thermal, chemical and metallurgical process*. New York: Hemisphere Publishing Corporation, 1988.

SZARGUT, J.; ZIEBIK, A.; STANEK, W. Depletion of the non-renewable natural exergy resources as a measure of the ecological cost. *Energy*, New York, v. 43, p. 1149-1163, 2002.

THOMPSON, M.; ELLIS, R.; WILDAVSKY, A. *Cultural theory*. Boulder: Westview Print, 1990.

CAPÍTULO 5
Aplicações

Um sistema alternativo para produzir 36 kW de eletricidade na Arábia Saudita utiliza um ciclo a vapor Rankine auxiliado com coletor solar e queimadores de combustíveis (*solar-powered/fuel-assited steam Rankine engine* – SPFASRE), Gari, Khalifa e Radhwan (1988). O esquema do sistema é apresentado na Figura 5.1.

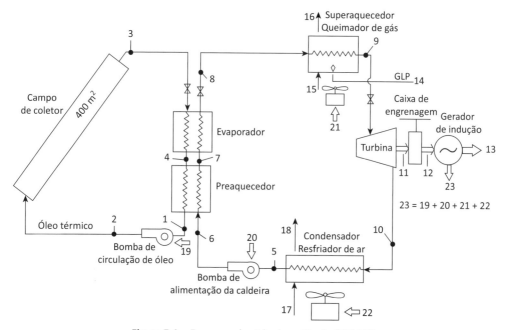

Figura 5.1 Esquema do ciclo de potência SPFASRE.

Fonte: adaptada de Gari, Khalifa e Radhwan (1988).

O coletor utilizado é o cilíndrico-parabólico. No campo solar, escoam o fluido de trabalho e o óleo térmico chamado Paratherm HR produzido por Paratherm. A temperatura do óleo não deve exceder 343 °C por longo tempo, para evitar sua degradação. As temperaturas máxima e mínima do óleo são de 330 °C e 200 °C, respectivamente. Dados do fluido podem ser obtidos em Paratherm Corporation (2010). A temperatura do condensador é de 55 °C. O projeto do sistema considerou a máxima radiação solar direta de 910 W/m² e nessa condição o vapor de água é mantido a 300 °C no ponto 8 e 400 °C no ponto 9, por meio da queima de gás. A menor temperatura de *pinch point* entre os pontos 4 e 7 é 10 °C. A bomba é isoentrópica. Parâmetros de entrada estão na Tabela 5.1:

Tabela 5.1   Parâmetros de entrada do sistema.

Parâmetros	Valor
Eficiência da turbina a gás	72%
Eficiência do superaquecedor queimador de gás	60%
Eficiência do gerador	90%
Eficiência da caixa de engrenagem	90%
Área do coletor	400 m²

Fonte: Cavalcanti e Motta (2015).

A composição do gás natural é dada na Tabela 5.2.

Tabela 5.2   Composição e propriedades do gás natural.

Componente	% volume
Metano	88,82%
Etano	8,41%
Propano	0,55%
Nitrogênio	1,62%
Dióxido de carbono	0,60%
Poder calorífico inferior	47,574 MJ/kg

Aplicações 81

O número de anos é 20, e o sistema funcionava por 9 horas. A taxa de interesse é de 12,4%. O custo da energia solar é zero e do gás natural é de 0,3281 $/kg. Além do custo de aquisição dos equipamentos, existem os custos diretos e indiretos. Observe esses custos na Tabela 5.3.

Tabela 5.3 Custo do projeto.

Custo Direto (DC)		Custo Indireto (IC)	
Custo de aquisição de equipamentos	(PEC)	Engenharia e supervisão	50% do PEC
Instalação	50% do PEC	Custo de construção	15% do DC
Tubulação	30% do PEC		
Instrumentação e controle	20% do PEC		

Fonte: Cavalcanti e Motta (2015).

As equações de balanço exergoeconômica são descritas a seguir.

Coletor

$$\dot{C}_3 - \dot{C}_2 = \dot{C}_{Irrad} + \dot{Z}_{col}$$

$$\dot{C}_{Irrad} = 0$$

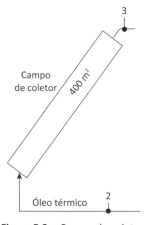

Figura 5.2 Campo de coletor.

Evaporador

$$\dot{C}_8 - \dot{C}_7 = \dot{C}_3 - \dot{C}_4 + \dot{Z}_{evap}$$

F : $c_3 = c_4$

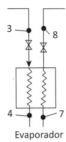

Figura 5.3 Evaporador.

Preaquecedor

$$\dot{C}_7 - \dot{C}_6 = \dot{C}_4 - \dot{C}_1 + \dot{Z}_{prea}$$

F : $c_4 = c_1$

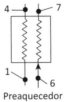

Figura 5.4 Preaquecedor.

Bomba 1

$$\dot{C}_2 - \dot{C}_1 = \dot{C}_{19} + \dot{Z}_{bomb1}$$

F : $c_{19} = c_{23}$

Figura 5.5 Bomba de circulação de óleo.

Bomba 2

$$\dot{C}_6 - \dot{C}_5 = \dot{C}_{20} + \dot{Z}_{bomb2}$$

F: $c_{20} = c_{23}$

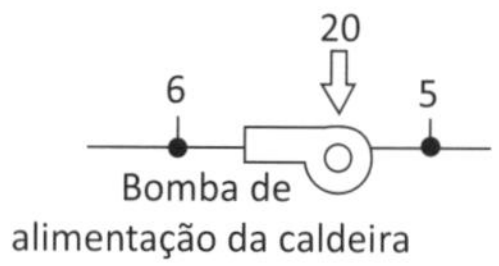

Figura 5.6 Bomba de alimentação de caldeira.

Superaquecedor a gás

$$\dot{C}_9 - \dot{C}_8 = \dot{C}_{15} + \dot{C}_{14} - \dot{C}_{16} + \dot{Z}_{super}$$

F: $c_{14} = c_{16}$

$c_{15} = 0$

$c_{14} = 0,3281$ \$/kg

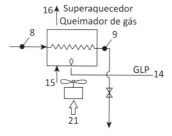

Figura 5.7 Superaquecedor – queimador de gás.

Turbina

$$\dot{C}_{11} = \dot{C}_9 - \dot{C}_{10} + \dot{Z}_{turb}$$

F: $c_9 = c_{10}$

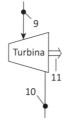

Figura 5.8 Turbina.

Caixa de engrenagem

$$\dot{C}_{12} = \dot{C}_{11} + \dot{Z}_{engren}$$

Figura 5.9 Caixa de engrenagem.

Gerador

$$\dot{C}_{13} + \dot{C}_{23} = \dot{C}_{12} + \dot{Z}_{gerad}$$
$$P: c_{23} = c_{13}$$

Figura 5.10 Gerador de indução.

Condensador

$$\dot{C}_{18} - \dot{C}_{17} = \dot{C}_{10} - \dot{C}_{5} + \dot{Z}_{cond}$$
$$c_{17} = 0$$
$$c_{10} = c_{5}$$

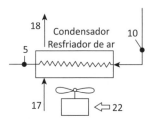

Figura 5.11 Condensador.

Para o projeto de sistema combinado, foram consideradas as condições climáticas de radiação solar da cidade de Natal (RN), no Brasil, que possui um clima tropical de savana e está situada no Nordeste do Brasil, com latitude norte – 05º 47' e longitude – 35º 12' e altura de 30 m, localizada próxima à Linha do Equador, e tem alto índice de radiação solar. A temperatura varia durante o ano entre 22 °C e 31 °C. Médias de radiação direta (total menos difusa) durante as horas do dia para os dias 19, 21 e 23 dos meses de março, junho, setembro e dezembro foram calculadas segundo o Inpe (2010). A Figura 5.12 apresenta os dados de radiação solar direta diária para quatro meses a cada 5 minutos.

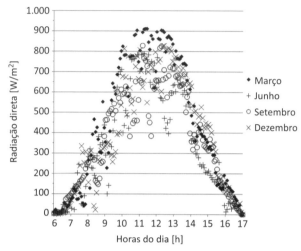

Figura 5.12 Radiação direta média dos meses de março, junho, setembro e dezembro para cidade de Natal/RN.

Fonte: Cavalcanti e Motta (2015).

Seu valor de radiação direta pode atingir 910 W/m² nos meses de março. A exergia solar é definida, segundo Petela (1964) apud Kalogirou (2009), como ¾ da temperatura aparente do corpo negro (5770 K). Assim, utiliza-se a temperatura aparente do sol (T_r) como (4330 K).

$$Ex = Q.\left(1 - \frac{T_{amb}}{T_r}\right)$$

Na Tabela 5.4, encontram-se valores de temperatura e fluxo mássico de fluido; exergia específica química, física e total; exergia; fluxo de custo e custo específico por unidade de exergia do ciclo combinado de coletor solar e ciclo Rankine para condição de radiação solar de 0,910 kW/m².

A taxa de massa de óleo térmico é oito vezes superior à taxa de massa de vapor. A energia elétrica líquida produzida é de 56,6 kWe. A maior exergia química é do gás natural. O custo de irradiação solar, gás GLP e eletricidade por unidade de exergia são zero, 6,687 e 10,42 $/GJ, respectivamente. As taxas de custos são elevadas para energia elétrica e no campo de coletores. As perdas de taxas de custos do sistema são 0,1447 e 0,8654 $/h nos pontos 16 e 18, respectivamente.

86 *Análise exergoeconômica e exergoambiental*

Tabela 5.4 Data de temperatura, fluxo mássico, exergias e custos em cada fluxo do sistema para radiação solar de 0,91 kW/m².

	T [°C]	$\dot{m}$ [kg/s]	e^{CH} [kJ/kg]	e^{PH} [kJ/kg]	e^{T} [kJ/kg]	E [kW]	$\dot{C}$ [$/h]	c [$/GJ]
1	200,0	0,9083	0	79,63	79,6	72,33	0,4955	1,90
2	200,0	0,9083	0	80,11	80,1	72,77	0,5234	2,00
3	330,0	0,9083	0	218,00	218,0	126,0	1,3570	2,00
4	235,7	0,9083	0	112,30	112,3	102,0	0,6988	1,90
5	55,0	0,1063	2,50	5,93	8,43	0,90	0,0137	1,90
6	55,1	0,1063	2,50	8,45	10,9	1,16	0,0319	4,24
7	224,0	0,1063	2,50	205,00	207,5	22,06	0,2635	3,32
8	300,0	0,1063	2,50	1032,00	1032,0	110,0	0,9544	2,41
9	400,0	0,1063	2,50	1152,00	1152,0	122,70	1,8750	4,24
10	54,97	0,1063	2,50	217,70	220,2	23,40	0,3574	4,24
11						73,41	2,2300	8,44
12						66,07	2,2300	9,38
13						56,64	2,1260	10,42
14	25,0	0,00086	48.908,0	153,50	49.061,5	42,24	1,0170	6,69
15	25,0	0,04632	0	0	0	0	0	0
16	350,0	0,04718	4,75	112,70	127,4	6,01	0,1447	6,69
17	25,0	12,2400	0	0	0	0	0	0
18	45,0	12,2400	0	0.64	0,64	7,86	0,8654	30,58
19						0,44	0,0164	10,42
20						0,27	0,0100	10,42
21						0,04	0,0015	10,42
22						2,07	0,0778	10,42
23						2,82	0,1057	10,42

Fonte: Cavalcanti e Motta (2015).

Aplicações   87

As variáveis termoeconômicas do sistema de cogeração, a destruição de exergia, a eficiência exergética, o custo médio de combustível e produto por unidade de exergia, a taxa de destruição de exergia, a taxa de custo total, a diferença de custo relativo e o fator exergoeconômico para cada componente são apresentados na Tabela 5.5.

Tabela 5.5 Variáveis termoeconômicas do sistema.

Componente	E_D [kW]	ε [%]	c_f [$/GJ]	c_P [$/GJ]	c_D [$/h]	Z_T [$/h]	r_k [%]	f [%]
Coletor	213,70	36,96	0,000	1,848	0,000	0,8333	-	100,00
Evaporador	8,11	91,55	1,903	2,183	0,056	0,0331	14,72	37,30
Preaquecedor	8,79	70,38	1,903	3,080	0,060	0,0283	61,84	31,95
Queimador de gás	23,45	35,28	6,687	20,010	0,565	0,0483	199,2	7,88
Turbina a vapor	25,94	73,89	4,242	8,437	0,396	0,7123	98,87	64,26
Caixa de engrenagem	7,34	90,00	8,437	9,375	0,223	0,0001	11,12	0,06
Gerador	6,61	90,00	9,375	9,930	0,223	0,0015	5,921	0,68
Air cooler	14,64	34,93	4,242	30,58	0,224	0,5217	620,7	69,99

Fonte: Cavalcanti e Motta (2015).

O campo de coletores tem valores mais elevados de destruição de exergia. O *air cooler* e o coletor apresentam menor eficiência exergética. A análise exergoeconômica revela que o custo unitário médio mais elevado de combustível se dá no gerador, e o custo unitário médio mais elevado de produto se dá no *air cooler*. Além disso, o queimador de gás tem a mais elevada taxa de destruição de exergia, devido à sua natureza intrínseca. As maiores taxas de custos estão no coletor e na turbina a vapor devido ao maior custo de aquisição. Resultado semelhante também foi observado em sistema de ciclo combinado integrado à energia solar localizado no Irã, onde a taxa de custo mais elevada era encontrada no coletor conforme Baghernejad e Yaghoubi (2010).

A maior diferença de custo relativo é no *air cooler*. O menor valor do fator exergoeconômico refere-se à caixa de engrenagens e ao gerador, revelando que esses dois componentes devem receber investimento para melhorar a eficiência global.

5.1 APLICAÇÕES

Um ciclo combinado de turbina a gás e a vapor pode ser integrado com coletores solares – *integrated solar combined cycle system* (ISCCS). Baghernejad e Yaghobi (2010) realizaram uma análise exergoeconômica desse sistema, que produz 400 MW de eletricidade. Ele contém duas unidades de turbinas a gás instaladas de 125 MW modelo V94.2 funcionando com gás natural, uma turbina a vapor de 150 MW instalada, uma central solar de 17 MW ainda não construída e duas caldeiras de recuperação com duas linhas de pressão (84,8 bar, 506 °C e 9,1 bar, 231,6 °C). Um esquema do sistema em estudo está na Figura 5.13. O campo de coletores solares encontra-se dentro da linha tracejada cinza.

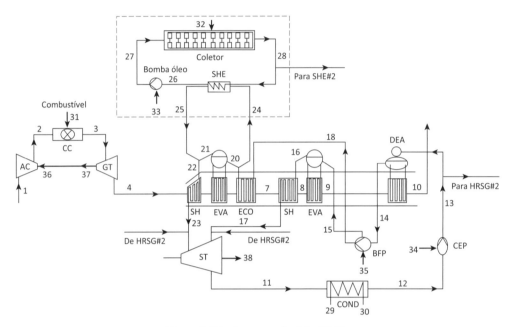

Figura 5.13 Esquema do ciclo ISCCS.
Fonte: Baghernejad e Yaghobi (2010).

A temperatura de gases de escape na saída do sistema é de 113 °C, para recuperar o máximo de energia possível. Nesse estudo, os resultados são baseados na condição de projeto local em Yazd (Irã), com temperatura ambiente de 19 °C em 21 de junho às 12h00. Nesse horário, a intensidade da radiação solar é de cerca de 800W/m², com eficiência térmica anual de 53%. A estimativa da eficiência térmica ou útil do coletor solar é definida pela razão entre a potência útil e a radiação solar direta. O coletor recebe uma radiação solar incidente direta, que é perdida em parte para o ambiente e em parte por perdas ópticas, atingindo o restante do absorvedor do coletor. A potência útil (P_u) e a potência perdida (P_p) são definidas por:

$$P_u = P_{abs} - P_p$$
$$P_p = P_{conv} + P_{rad}$$

As perdas do coletor são convectivas e radiativas e, por isso, dependem da temperatura do absorvedor do coletor. O balanço energético no coletor solar está representado na Figura 5.14.

Aplicações

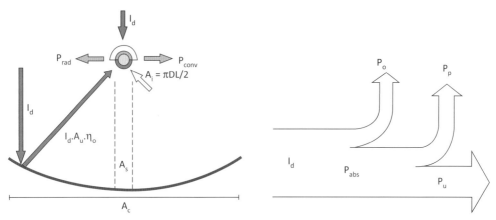

Figura 5.14 Fluxo de energia do concentrador cilíndrico-parabólico.

Onde: I_d - Radiação solar direta instantânea coletada pelo sistema de captação (W/m²), P_{abs} - Potência máxima que chega ao tubo absorvedor (W), P_{conv} - Potência perdida por convecção (W), P_{rad} - Potência perdida por radiação para o meio ambiente (W), $A_u = (A_c - A_s)$ - Área útil do concentrador (m²), A_c - Área total da superfície de captação (m²), A_s - Área sombreada pelo tubo absorvedor (m²), A_i - Área do absorvedor iluminada pela radiação refletida (m²).

Devido às perdas, existe a eficiência útil (η_u), que pode ser definida em função da eficiência óptica (η_o) e da eficiência térmica (η_t) segundo a relação:

$$\eta_u = (\eta_o) \times (\eta_t) = \left(\frac{P_{abs}}{I_D}\right) \times \left(\frac{P_u}{P_{abs}}\right) = \frac{P_u}{I_D}$$

O campo solar é composto por área de 545 m² com 224 segmentos de espelho. Na Tabela 5.6, encontram-se dados da especificação do coletor utilizado.

Tabela 5.6 Especificação do campo de coletores solares.

Área de abertura	545 m²	Transmissividade do tubo absorvedor	0,96
Segmentos de espelhos	224	Refletividade do espelho	0,94
Abertura do coletor	5,76 m	Comprimento	99 m
Diâmetro do tubo absorvedor	0,07 m	Razão de concentração	82
Distância focal média	0,94 m	Pico de eficiência do coletor	68%
Absortividade do tubo absorvedor	0,96	Eficiência térmica anual do coletor	53%
Emissividade do tubo absorvedor	0,17	Eficiência óptica	80%

Fonte: Baghernejad e Yaghoubi (2010).

Foram utilizados coletores cilíndricos-parabólicos descritos por Kearney e Price (1999) conforme a Figura 5.15.

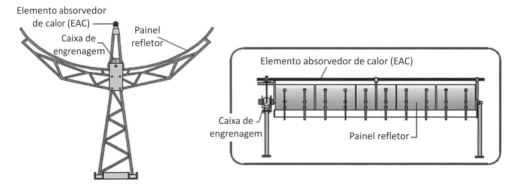

Figura 5.15 Esquema e estrutura do coletor cilíndrico-parabólico.
Fonte: Kearney e Price (1999).

O fluido térmico usado no campo solar é Therminol VP-1, conforme Therminol (2014). As propriedades do fluido estão disponíveis em Sintelub (2014). A Tabela 5.7 mostra a composição do gás natural.

Tabela 5.7 Composição do gás natural.

Componente	% volume
CH_4	89,35%
C_2H_6	8,03%
C_3H_8	0,78%
C_4H_{10}	0,08%
CO_2	0,48%
N_2	1,28%
Pci	47997 MJ/kg

Fonte: Baghernejad e Yaghoubi (2010).

O efeito dos coletores solares será analisado. Os modelos exergoeconômico e exergoambiental foram desenvolvidos para verificar o custo e o impacto ambiental da energia elétrica com e sem o auxílio de coletores solares.

A análise exergoambiental é realizada por meio de balanços de impacto ambiental em todos os fluxos de entrada do sistema global e em cada componente do sistema. O impacto ambiental calculado na análise de ciclo de vida (LCA) do componente é atribuído ao balanço do componente. As equações auxiliares dos balanços são assumidas de acordo com a metodologia SPECO descrita no Capítulo 3. As equações auxiliares nos modelos exergoeconômico e exergoambiental são as mesmas. Os balanços exergoambientais e as equações auxiliares são apresentadas a seguir:

Compressor de ar

$$\dot{B}_2 - \dot{B}_1 = \dot{B}_{36} + \dot{Y}_{AC}$$
$$b_1 = 0$$
$$P: b_{36} = b_{37}$$

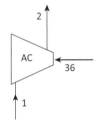

Figura 5.16 Compressor de ar.

Câmara de combustão

$$\dot{B}_3 - \dot{B}_2 = \dot{B}_{31} + \dot{Y}_{CC}$$

$$\dot{B}_{31} = 119,5 \frac{mPts}{kg} . \dot{m}_{31}$$

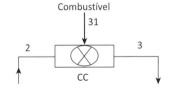

Figura 5.17 Câmara de combustão.

Turbina a gás

$$\dot{B}_{37} = \dot{B}_3 - \dot{B}_4 + \dot{Y}_{GT}$$
$$F: b_3 = b_4$$

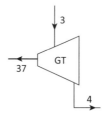

Figura 5.18 Turbina a gás.

Superaquecedor de alta pressão

$$\dot{B}_{23} - \dot{B}_{22} = \dot{B}_4 - \dot{B}_5 + \dot{Y}_{SH\_h}$$
$$F: b_4 = b_5$$

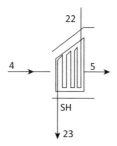

Figura 5.19 Superaquecedor de alta pressão.

Evaporador

$$\dot{B}_{21} - \dot{B}_{20} = \dot{B}_5 - \dot{B}_6 + \dot{Y}_{EVA\_h}$$
$$F: b_5 = b_6$$

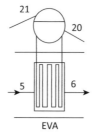

Figura 5.20 Evaporador.

Economizador

$$\dot{B}_{19} - \dot{B}_{18} = \dot{B}_6 - \dot{B}_7 + \dot{Y}_{ECO}$$
$$b_6 = b_7$$

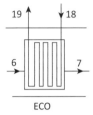

Figura 5.21 Economizador.

Turbina a vapor

$$\dot{B}_{38} = 2.(\dot{B}_{23} + \dot{B}_{17}) - \dot{B}_{11} + \dot{Y}_{ST}$$
$$b_5 = b_6$$
$$F: \frac{\dot{B}_{23} + \dot{B}_{17}}{Ex_{23} + Ex_{17}} = \frac{\dot{B}_{11}}{Ex_{11}}$$

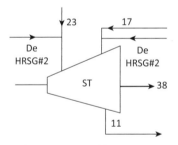

Figura 5.22 Turbina a vapor.

Superaquecedor de baixa pressão

$$\dot{B}_{17} - \dot{B}_{16} = \dot{B}_7 - \dot{B}_8 + \dot{Y}_{SH\_l}$$
$$F: b_7 = b_8$$

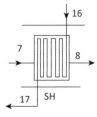

Figura 5.23 Superaquecedor de baixa pressão.

Evaporador de baixa pressão

$$\dot{B}_{16} - \dot{B}_{15} = \dot{B}_{8} - \dot{B}_{9} + \dot{Y}_{EVA\_l}$$
F : $b_8 = b_9$

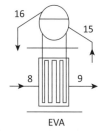

Figura 5.24 Evaporador de baixa pressão.

Desaerador

$$\dot{B}_{14} - \dot{B}_{13}/2 = \dot{B}_{10} - \dot{B}_{9} + \dot{Y}_{DEA}$$
F : $b_9 = b_{10}$

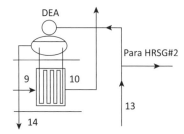

Figura 5.25 Desaerador.

Bomba de alimentação da caldeira

$$\dot{B}_{18} + \dot{B}_{15} - \dot{B}_{14} = \dot{B}_{35} + \dot{Y}_{BFP}$$
P : $b_{15} = b_{18}$
F : $b_{35} = b_{38}$

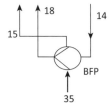

Figura 5.26 Bomba de alimentação da caldeira.

Bomba de extração de condensado

$\dot{B}_{13} - \dot{B}_{12} = \dot{B}_{34} + \dot{Y}_{CFP}$

F : $b_{34} = b_{38}$

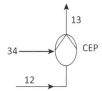

Figura 5.27 Bomba de extração de condensado.

Condensador

$\dot{B}_{30} - \dot{B}_{29} = \dot{B}_{11} - \dot{B}_{12} + \dot{Y}_{Cond}$

F : $b_{11} = b_{12}$
F : $b_{29} = 0$

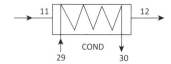

Figura 5.28 Condensador.

Separação

$\dot{B}_{24} + \dot{B}_{20} = \dot{B}_{19} + \dot{Y}_{sep}$

F : $b_{20} = b_{24}$

Figura 5.29 Separação.

Mistura

$\dot{B}_{22} = \dot{B}_{21} + \dot{B}_{25} + \dot{Y}_{Mist}$

Figura 5.30 Mistura.

Trocador de calor solar (SHE)

$$\dot{B}_{25} - \dot{B}_{24} = (\dot{B}_{28} - \dot{B}_{26})/2 + \dot{Y}_{SHE}$$
$$b_{26} = b_{28}$$

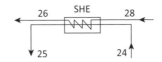

Figura 5.31 Trocador de calor solar.

Coletor solar

$$\dot{B}_{28} - \dot{B}_{27} = \dot{B}_{32} + \dot{Y}_{coll}$$
$$b_{32} = 0$$

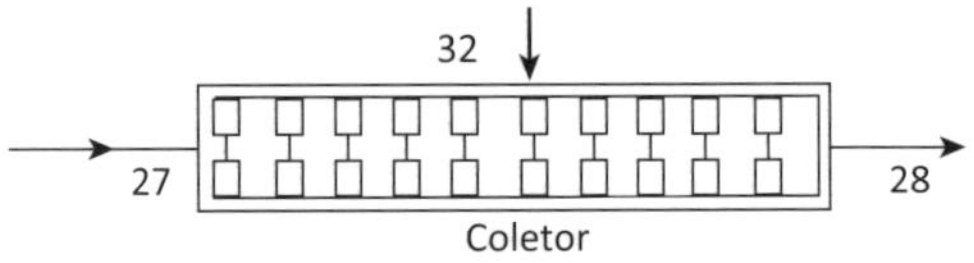

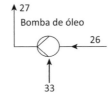

Figura 5.32 Coletor solar.

Bomba de óleo

$$\dot{B}_{27} - \dot{B}_{26} = \dot{B}_{33} + \dot{Y}_{OilP}$$
$$b_{33} = b_{38}$$

Figura 5.33 Bomba de óleo.

5.2 RESULTADOS

As análises exergoeconômica e exergoambiental do ISCCS foram realizadas de acordo com o modelo descrito nos capítulos anteriores. Foram avaliados os impactos ambientais de todos os componentes. Os dados de taxa de fluxo de massa, temperatura, pressão e exergia, a taxa de custo e custo específico por unidade de exergia, a taxa de impacto ambiental e de impacto ambiental por unidade exergy em cada fluxo são apresentados na Tabela 5.8.

Aplicações

Tabela 5.8 Dados exergoeconômicos e exergoambientais do sistema combinado integrado ao campo solar.

	$\dot{m}$ [kg/s]	T [°C]	P [kPa]	Ex [MW]	$\dot{C}$ [$/h]	c [$/GJ]	$\dot{B}$ [mPt/s]	b [mPt/GJ]
1	421,8	19,0	101,3	0		0	0	0
2	421,8	358,0	1114,0	135,2	29.040	59,68	683,2	5054
3	430,5	1132,0	1058,0	436,8	79167	50,35	1927,0	4412
4	430,5	615,8	107,0	149,5	27107	50,35	659,9	4412
5	430,5	520,1	105,0	115,7	20969	50,35	510,5	4412
6	430,5	304,1	104,0	49,9	9046	50,35	220,2	4412
7	430,5	240,0	104,0	34,1	6187	50,35	150,6	4412
8	430,5	236,1	102,0	32,5	5897	50,35	143,6	4412
9	430,5	167,0	102,0	18,4	3345	50,35	81,4	4412
10	430,5	113,0	101,3	9829,0	1782	50,35	43,4	4412
11	171,9	48,0	11,2	34,3	8985	72,81	184,7	5389
12	171,9	48,0	11,2	1404,0	368	72,81	7,6	5389
13	171,9	48,0	2550,0	1855,0	536	80,29	11,0	5925
14	85,97	116,9	180,0	5098,0	2030	110,60	43,6	8543
15	13,97	117,0	930,0	0,8	329	108,90	7,0	8348
16	13,97	176,8	930,0	11,9	3021	70,78	69,1	5833
17	13,97	231,5	910,0	12,5	3411	75,69	76,2	6089
18	72,00	118,6	11900,0	5,2	2045	108,90	43,6	8348
19	72,00	215,0	11800,0	15,3	5078	92,46	113,2	7418
20	57,94	215,0	11800,0	12,3	4086	92,46	91,1	7418
21	57,94	305,6	9277,0	63,1	16214	71,37	381,3	6043
22	72,00	305,6	9277,0	78,4	20967	74,27	405,1	5166
23	72,00	506	8480,0	104,6	27280	72,47	554,7	5305

(continua)

Tabela 5.8 Dados exergoeconômicos e exergoambientais do sistema combinado integrado ao campo solar (*continuação*).

	$\dot{m}$ [kg/s]	T [°C]	P [kPa]	Ex [MW]	$\dot{C}$ [$/h]	c [$/GJ]	$\dot{B}$ [mPt/s]	b [mPt/GJ]
24	14,06	215,0	11800,0	3,0	992	92,46	22,1	7418
25	14,06	313,2	9277,0	15,6	4753	84,45	23,8	1522
26	222,50	298,0	1100,0	36,7	10643	80,64	4,8	130
27	222,50	299,0	2600,0	36,9	10800	81,31	8,0	216
28	222,50	393,3	1600,0	62,5	18139	80,64	8,2	130
29	3084,0	19,0	101,3	8,0	0	0	0	0
30	3084,0	47,2	101,3	24,5	8631	97,91	177,2	7235
31	8,64	19,0	2000,0	429,9	50101	32,37	1244,0	2893
32				91,1	0	0	0	0
33				0,51	157	84,62	3,2	6209
34				0,55	168	84,62	3,4	6209
35				1,13	344	84,62	7,0	6209
36				147,7	28326	53,27	683,2	4626
37				274,0	52545	53,27	1267,0	4626
38				173,5	52860	84,62	1077,0	6209
39				422,8	100286	65,89	2246,0	5312
40					112480	73,90	2510,0	5936

A menor diferença de temperatura (*pinch point*) entre os fluidos dos equipamentos de troca de calor ocorre no superaquecedor de baixa pressão. Seu valor deve se situar em torno de 10 °C para o cálculo da taxa de fluxo de água.

A potência elétrica líquida, avaliada no ponto 39, é composta pela exergia das turbinas a gás mais a exergia das turbinas a vapor menos as potências das bombas consumidas. O seu valor é 422,8 MW. A eficiência exergética do sistema é de 49,17%. A taxa de custo da eletricidade líquida média é 100,286 $/h.

Aplicações

O custo específico por unidade de exergia da eletricidade produzida na turbina a gás e na turbina a vapor é de 53,27 \$/GJ e 84,62 \$/GJ, respectivamente. Seu custo é de 65,89 \$/GJ. O custo específico por unidade de exergia da eletricidade produzida na turbina a vapor é maior devido ao alto custo de aquisição da turbina a vapor. A taxa de custo total no ponto 40 é composta pela taxa de custo de eletricidade líquida mais as perdas de custo rejeitado nos gases de exaustão no ponto 10 e o custo rejeitado na água quente no condensador no ponto 30. A taxa de custo total é de 112.480 \$/h. Seu custo específico por unidade de exergia é a razão entre a taxa de custo total e potência elétrica produzida líquida. Seu valor é 73,90 \$/GJ, que é maior, devido às perdas de custos rejeitados.

O impacto ambiental do ar atmosférico, da radiação solar e da água é nulo. O impacto ambiental do gás natural é de 143,9 mPts/kg. Por analogia com a análise exergoeconômica, o fluido combustível (fornece exergia) rejeita uma taxa de impacto ambiental, e o fluido de produto (recebe exergia) recebe uma taxa de impacto ambiental. Componentes que recebem calor, trabalho ou combustível aumentam sua taxa de impacto ambiental em fluxos de saída. O impacto ambiental na saída da câmara de combustão no ponto 3 é maior devido ao impacto ambiental gerado pelo combustível queimado. O efeito do impacto ambiental do componente calculado no ciclo de vida é muito baixo. A variação de entrada no ponto 27 e de saída no ponto 28 do impacto ambiental no campo de coletor é muito baixa. As taxas de impacto ambiental são rejeitadas nos pontos 10 e 30 e seus valores são 36,01 e 177,2 mPts/s, respectivamente. O impacto ambiental por unidade de exergia em gases de exaustão de turbina é 4.412 mPts/GJ. Os impactos ambientais por unidade de exergia da eletricidade produzida na turbina a gás e turbinas a vapor são calculados como 4.626 mPts/GJ e 6 mPts/J, respectivamente. O seu custo específico médio é de 5.312 mPts/GJ.

A taxa de impacto ambiental da eletricidade é composta por taxa de impacto ambiental da turbina a gás, além de turbinas a vapor menos bombas consumidas avaliada no ponto 39. O seu valor é de 2.246 mPts/s. O seu impacto ambiental por unidade de exergia é 5.312 mPts/GJ.

A taxa de impacto ambiental total no ponto 40 é composta pela taxa de impacto ambiental de eletricidade líquida mais o impacto ambiental rejeitado em gases exaustos no ponto 10 e na água quente do condensador no ponto 30. A taxa de impacto ambiental é de 2.510 mPts/s. O seu impacto ambiental por unidade de exergia é a razão entre a taxa de custo do impacto ambiental e a exergia líquida de eletricidade. Seu valor é 5.936 mPts/GJ, que é maior, pois considera as perdas da taxa de impacto ambiental.

Avaliou-se o ciclo combinado sem campo solar. Os dados de taxa de fluxo de massa, temperatura, pressão, exergia, a taxa de custo, de custo específico por unidade de exergia, a taxa de impacto ambiental e de impacto ambiental por unidade de exergia em cada fluxo são apresentados na Tabela 5.9.

Tabela 5.9 Dados exergoeconômicos e exergoambientais de ciclo combinado sem o campo solar.

	$\dot{m}$ [kg/s]	T [°C]	P [kPa]	Ex [MW]	$\dot{C}$ [$/h]	c [$/GJ]	$\dot{B}$ [mPt/s]	b [mPt/GJ]
1	421,8	19,0	101,3	0	0	0	0	0
2	421,8	358,0	1114,0	135,2	29040	59,68	683,2	5054
3	430,5	1132,0	1058,0	436,8	79167	50,35	1927,0	4412
4	430,5	615,8	107,0	149,5	27107	50,35	659,9	4412
5	430,5	532,0	105,0	119,7	21696	50,35	528,2	4412
6	430,5	296,7	104,0	48,0	8700	50,35	211,8	4412
7	430,5	240,5	104,0	34,3	6209	50,35	151,1	4412
8	430,5	236,3	102,0	32,6	5907	50,35	143,8	4412
9	430,5	162,1	102,0	17,6	3188	50,35	77,6	4412
10	430,5	113,0	101,3	9,8	1782	50,35	43,4	4412
11	156,3	48,0	11,2	31,1	7940	70,87	186,2	5985
12	156,3	48,0	11,2	1,3	326	70,87	7,6	5985
13	156,3	48,3	2550,0	1,7	474	78,13	11,1	6577
14	78,1	116,9	180,0	4,6	1833	109,90	39,8	8586
15	15,0	117,0	930,0	0,9	350	107,90	7,7	8586
16	15,0	176,8	930,0	12,7	3215	70,14	73,9	5803
17	15,0	231,5	910,0	13,4	3617	74,76	81,2	6044
18	63,1	118,6	11900,0	4,6	1777	107,90	38,9	8512
19	63,1	215,0	11800,0	13,4	4432	92,04	99,6	7446
20	63,1	215,0	11800,0	13,4	4432	92,04	99,6	7446
21	63,1	305,6	9277,0	68,8	17629	71,22	416,0	6050
22	63,1	305,6	9277,0	68,8	17629	71,22	416,0	6050

(continua)

Aplicações **101**

Tabela 5.9 Dados exergoeconômicos e exergoambientais de ciclo combinado sem o campo solar (*continuação*).

	$\dot{m}$ [kg/s]	T [°C]	P [kPa]	Ex [MW]	$\dot{C}$ [$/h]	c [$/GJ]	$\dot{B}$ [mPt/s]	b [mPt/GJ]
23	63,1	506,0	8480,0	91,7	23203	70,30	547,9	5976
24								
25								
26								
27								
28								
29	2800,0	19,0	101,3	7,3	0	0	0	0
30	2800,0	47,2	101,3	22,2	7627	95,30	178,6	8034
31	8,6	19,0	2000,0	429,9	50101	32,37	1244,0	2893
32								
33								
34				0,5	149	82,29	3,5	6885
35				1,0	294	82,29	6,8	6885
36				147,7	28326	53,27	683,2	4626
37				274,0	52545	53,27	1267,0	4626
38				155,7	46131	82,29	1072,0	6885
39				405,8	93833	64,23	2241,0	5521
40					105023	71,89	2506,0	6175

A potência elétrica líquida produzida é 405,8 MW. O seu valor é menor que o ISCCS devido à falta de energia do campo solar. A eficiência exergética é menor que 47,20%, em virtude de a potência líquida ser menor. A taxa de custo de eletricidade líquida é reduzida para 93833 $/h, em razão da falta de custo com aquisição de campo coletor. O custo específico por unidade de exergia da eletricidade produzida na turbina a gás e turbinas a vapor são 53,27 $/GJ e 82,29 $/GJ, respectivamente. Seu custo médio é 64,23 $/GJ. O custo específico por unidade de exergia da eletricidade produzida na turbina a vapor foi reduzido por causa da menor eletricidade produzida e custo de aquisição inferior da turbina a vapor e falta de custo de aquisição do coletor. O campo coletor aumenta o custo específico por unidade de exergia de energia elétrica em 2,6%. A taxa de custo total no ponto 40 é 105.023 $/h. O seu custo específico por unidade de exergia é 71,89 $/GJ.

A análise de impacto ambiental revela que as taxas de impacto ambiental são semelhantes com diferenças menores. Quando a temperatura ou a taxa de fluxo de massa no vapor são maiores, a taxa de exergia é maior e a taxa de impacto ambiental é maior. As taxas de impacto ambiental são rejeitadas nos pontos 10 e 30, e seus valores são 43,4 e 178,6 mPts/s, respectivamente. O impacto ambiental por unidade de exergia dos gases de exaustão na turbina e o da eletricidade produzida na turbina a gás são iguais. O impacto ambiental por unidade de exergia da eletricidade produzida na turbina a vapor é maior, sendo 6.885 mPts/GJ devido à exergia ser menor. O menor valor da taxa de massa de água reduz a exergia. Consequentemente, o impacto ambiental médio por unidade de exergia da eletricidade produzida é maior sendo 5.521 mPts/GJ. Isso significa que o efeito do campo de coletores diminui o impacto ambiental por unidade de exergia na eletricidade – 3,9%. A taxa de impacto ambiental total no ponto 40 é 6.175 mPts/GJ.

As variáveis termoeconômicas de sistema cogenerativo, destruição de exergia, eficiência exergética, o custo unitário médio de combustível e produto, a taxa de custo de destruição de exergia, a taxa de custo total, diferença de custo relativo e fator exergoeconômico para cada componente são apresentados na Tabela 5.10.

Tabela 5.10   Variáveis termoeconômicas do sistema ISCCS.

Componente	E_D [kW]	ε [%]	c_F [$/GJ]	c_P [$/GJ]	C_D [$/h]	Z_T [$/h]	r_k [%]	f [%]
Compressor de ar	12530	91,52	53,27	59,68	2402	1428	12,0	37,29
Câmara de combustão	128300	70,15	32,37	46,17	14950	51,8	42,6	0,35
Turbina a gás	13230	95,39	50,35	53,27	2398	969,5	5,8	28,79
Superaquecedor AP	7710	77,23	50,35	67,06	1398	351,4	33,2	20,09
Evaporador AP	14950	77,24	50,35	66,28	2710	409,9	31,6	13,14
Economizador	5736	64,03	50,35	83,94	1040	348,3	66,7	25,09
Superaquecedor BP	938	41,37	50,35	163,5	170	199,3	224,8	53,97
Evaporador BP	3066	78,23	50,35	67,88	556	278,8	34,8	33,41

(continua)

Aplicações 103

Tabela 5.10 Variáveis termoeconômicas do sistema ISCCS (*continuação*).

Componente	E_D [kW]	ε [%]	c_F [$/GJ]	c_P [$/GJ]	C_D [$/h]	Z_T [$/h]	r_k [%]	f [%]
Turbina a vapor	26370	86,81	72,81	84,62	6912	464,3	16,2	6,29
Bomba de extr. de cond.	101	81,78	84,62	103,6	31	0,15	22,4	0,49
Condensador	16400	50,13	72,81	145,5	4298	13,8	99,8	0,32
Desaerador	4455	48,35	50,35	117,3	808	396,1	133,0	32,91
Bomba da caldeira	170	84,92	84,62	99,71	104	0,4	17,8	0,37
Bomba de óleo	277	46,07	84,62	184,3	84	0,6	117,8	0,65
Coletor	65490	28,09	0,0	79,68	0	7339	-	100,0
Troc. de calor solar	517	98,00	80,64	82,57	150	25,5	2,4	14,54

A câmara de combustão é o componente com maior destruição de exergia no ciclo, devido à sua natureza inerente. O coletor de eficiência exergética é 28,09%. Esse é o menor valor entre os componentes do ciclo devido à baixa exergia do produto do coletor comparada com o combustível do coletor.

O custo unitário médio mais elevado de combustível é de 84,62 $/GJ em três bombas, que é o custo de eletricidade por unidade de exergia. O custo unitário médio mais elevado de produto é 184,3 $/GJ na bomba de óleo, devido ao baixo aumento da exergia na bomba e o maior custo unitário do combustível. A câmara de combustão tem a maior taxa de destruição de exergia devido à destruição de exergia superior. As taxas de custos mais elevados estão no coletor, na turbina a gás e a vapor. O maior valor da diferença de custo relativo é no superaquecedor de baixa pressão, em que a menor diferença de temperatura entre os fluidos (*pinch point*) acontece. O menor valor do fator exergoeconômico está no condensador.

As mesmas variáveis termoeconômicas do sistema cogenerativo sem o campo solar para cada componente estão na Tabela 5.11.

Os dados são muito semelhantes. Alguns valores são ligeiramente superiores ou inferiores, por duas razões: primeiro; a taxa mássica de vapor de água foi reduzida devido à falta de auxílio do coletor solar; segundo, os gases de exaustão após a turbina a gás tiveram suas temperaturas alteradas para alcançar a temperatura de saída de 113 °C. Isso altera suavemente a diferença de temperatura entre os fluidos quentes e frios e também altera ligeiramente a destruição de exergia em razão do efeito da diferença de temperatura. A menor eficiência exergética ocorre no superaquecedor de baixa pressão, sendo de 42,66%. O maior custo unitário médio de combustível encontra-se novamente nas três bombas, com valor de 82,29 $/GJ, sendo igual à taxa de custo por unidade de exergia da eletricidade. O custo unitário médio mais elevado de produto é 157,5 $/GJ no superaquecedor de baixa pressão. A câmara de combustão tem a mais elevada taxa de destruição de exergia. As taxas de custos mais elevados se dão na turbina a gás e na turbina a vapor.

Tabela 5.11 Variáveis termoeconômicas do ciclo combinado sem o campo solar.

Componente	E_D [kW]	ε [%]	c_F [$/GJ]	c_P [$/GJ]	C_D [$/h]	Z_T [$/h]	r_k [%]	f [%]
Compressor de ar	12530	91,52	53,27	59,68	2402	1428	12,0	37,29
Câmara de combustão	128300	70,15	32,37	46,17	14950	51,8	42,6	0,35
Turbina a gás	13230	95,39	50,35	53,27	2398	969,5	5,8	28,79
Superaquecedor AP	6921	76,81	50,35	67,53	1255	327,3	34,1	20,69
Evaporador AP	16320	77,72	50,35	66,19	2958	401,6	31,5	11,95
Economizador	4945	63,64	50,35	83,80	1040	327,3	66,4	26,75
Superaquecedor BP	955	42,66	50,35	157,5	173	202,0	212,8	53,85
Evaporador BP	3172	78,85	50,35	67,26	575	290,5	33,6	33,56
Turbina a vapor	23400	86,93	70,87	82,29	5971	430,4	16,1	6,72
Bomba de extr. de cond.	91	81,78	82,29	100,70	27	0,15	22,4	0,53
Condensador	14885	50,13	70,87	141,6	3798	12,5	99,8	0,33
Desaerador	3969	48,85	50,35	116,9	719	378,3	132,2	34,46
Bomba da caldeira	150	84,92	82,29	96,97	89	0,4	17,8	0,41

A maior diferença relativa de custo está no superaquecedor de baixa pressão. O menor valor do fator exergoeconômico está no condensador. Portanto, a análise exergoeconômica, em sistemas de ciclo combinado com e sem coletor solar, revela que o condensador tem de aumentar os custos de investimento para aumentar a eficiência total termodinâmica.

A análise de exergoambiental ISCCS foi realizada. Os valores dos impactos ambientais médios por unidade de exergia para produto e de combustível, a taxa de impacto ambiental associada com a destruição de exergia dentro do componente, o impacto ambiental relacionado com o componente e o fator exergoambiental para o sistema ISCCS estão na Tabela 5.12.

Aplicações

Tabela 5.12 Variáveis exergoambientais do sistema ISCCS.

Componente	E_D [kW]	ε [%]	b_F [mPts/GJ]	b_P [mPts/GJ]	$\dot{B}_D$ [mPts/h]	$\dot{Y}$ [mPts/h]	f_b [%]
Compressor de ar	12530	91,52	4626	5054	208600	65,1	0,0312
Câmara de combustão	128300	70,15	2893	4125	1336000	337,6	0,0253
Turbina a gás	13230	95,39	4412	4626	210124	624,7	0,2964
Superaquecedor AP	7710	77,23	4412	5722	122474	1672,0	1,3470
Evaporador AP	14950	77,24	4412	5711	237497	98,6	0,0415
Economizador	5736	64,03	4412	6934	91111	24,3	0,0266
Superaquecedor BP	938	41,37	4412	10686	14897	96,1	0,6407
Evaporador BP	3066	78,23	4412	5641	48702	43,8	0,0899
Turbina a vapor	26370	86,81	5389	6209	511598	727,9	0,1421
Bomba de extr. de cond.	101	81,78	6209	7593	2248	0,6	0,0235
Condensador	16400	50,13	5389	10751	318087	3,7	0,0012
Desaerador	4455	48,35	4412	9125	70762	12,1	0,0171
Bomba da caldeira	170	84,92	6209	7312	7615	0,2	0,0031
Bomba de óleo	277	46,07	6209	13478	6195	0,5	0,0083
Coletor	65490	28,09	0	7	0	636,3	100,000
Troc. de calor solar	517	98,00	130	133	242	23,5	8,8300

O impacto ambiental médio por unidade de exergia do combustível é de 6.209 mPts/GJ nas três bombas que são o impacto ambiental de eletricidade por unidade exergy. O impacto ambiental médio por unidade de exergia nos gases de exaustão é de 4.412 mPts/GJ. O maior impacto ambiental médio por unidade de exergia do produto é de 13.478 mPts/GJ na bomba de óleo, devido à mesma razão de análise exergoeconômica. A câmara de combustão tem a maior taxa de impacto ambiental associada à destruição de exergia, sendo 1.336 pts/h devido à destruição de exergia superior. O maior impacto ambiental relacionado com o componente está no superaquecedor de alta pressão. Todos os fatores exergoambientais – exceto para o coletor, para o qual não há taxa de impacto ambiental associado com a destruição de exergia – são baixos. O baixo valor do fator exergoambiental indica que o impacto ambiental relacionado com o componente é insignificante em comparação com o alto valor da taxa de impacto ambiental associada com a destruição de exergia. O menor valor do fator exergoeconômico está no condensador.

As mesmas variáveis exergoambientais de sistema cogenerativo sem campo solar para cada componente são apresentadas na Tabela 5.13.

Tabela 5.13 Variáveis exergoambientais do ciclo combinado sem campo solar.

Componente	E_D [kW]	ε [%]	b_F [mPts/GJ]	b_P [mPts/GJ]	$\dot{B}_D$ [mPts/h]	$\dot{Y}$ [mPts/h]	f_b [%]
Compressor de ar	12530	91,52	4626	5054	208600	65,1	0,0312
Câmara de combustão	128300	70,15	2893	4125	1336000	337,6	0,0253
Turbina a gás	13230	95,39	4412	4626	210124	624,7	0,2964
Superaquecedor AP	7710	77,23	4412	5753	109945	1491,0	1,3380
Evaporador AP	14950	77,24	4412	5713	259229	104,5	0,0403
Economizador	5736	64,03	4412	6892	78543	21,4	0,0272
Superaquecedor BP	938	41,37	4412	10364	15173	102,1	0,6681
Evaporador BP	3066	78,23	4412	5596	50386	46,0	0,0912
Turbina a vapor	26370	86,81	5985	6885	504241	672,6	0,1332
Bomba de extr. de cond.	101	81,78	6885	8420	2265	0,5	0,0227
Condensador	16400	50,13	5985	11939	320690	3,4	0,0011
Desaerador	4455	48,35	4412	9033	63042	13,6	0,0215
Bomba da caldeira	170	84,92	6885	8108	7425	0,2	0,0028

O impacto ambiental médio por unidade de exergia do combustível é de 6.885 mPts/GJ nas três bombas cujo valor corresponde ao impacto ambiental por unidade de exergia da eletricidade. O seu valor aumentado se deve à diminuição da eletricidade produzida. O impacto ambiental médio por unidade de exergia de gases de exaustão é o mesmo de 4.412 mPts/GJ. O maior impacto ambiental médio por unidade de exergia de produto é 11.939 mPts/GJ no condensador em virtude da baixa exergia da água quente, que deixa esse componente. Novamente, a câmara de combustão tem a mais elevada taxa de impacto ambiental associada com a destruição de exergia em razão da maior

Aplicações   **107**

destruição de exergia. O maior impacto ambiental relacionado com o componente está no superaquecedor de alta pressão, porém seu valor é menor devido ao menor tamanho. Quando a energia é menor, menos materiais são utilizados e menor é o impacto ambiental relacionado à fabricação. O menor valor do fator exergoeconômico está no condensador. Portanto, a análise exergoambiental revela que o condensador deve aumentar a sua eficiência exergética para reduzir o impacto ambiental total.

Na análise do ciclo de vida, foram consideradas as fases descritas no item 4.2. Essas fases são: materiais utilizados, processo produtivo, geração de energia/calor e descarte. A fase de transporte foi considerada desprezível em comparação às outras fases. Na Tabela 5.14 estão os dados do ciclo de vida dos componentes do sistema combinado integrado com campo solar.

Tabela 5.14 Análise do ciclo de vida do sistema ISCCS.

Equipamentos	Composição dos materiais Ecoindicador 99 mPts/kg	Peso t.	Material mPts/kg	Processo mPts/kg	Descarte mPts/kg	Total mPts/kg	Total Pts
Compressor	Aço 33,33% 86 Aço de baixa liga 44,5% 110 Ferro fundido 22,22% 240	170,0	130	11,7	−70,0	71,7	12200
Câmara de combustão	Aço 33,34% 86 Aço de alta liga 66,66% 910	108,2	635	20,0	−70,0	585,0	63300
Turbina a gás	Aço 25% 86 Aço de alta liga 75% 910	181,4	704	11,7	−70,0	645,7	117000
Superaquecedor AP	Aço 26% 86 Aço de alta liga 74% 910	491,3	696	12,1	−70,0	638,0	313000
Evaporador AP	Aço 100% 86	658,8	86	12,1	−70,0	28,0	18500
Economizador AP	Aço 100% 86	162,2	86	12,1	−70,0	28,0	4550
Superaquecedor BP	Aço 26% 86 Aço de alta liga 74% 910	28,2	696	12,1	−70,0	638,0	18000
Evaporador BP	Aço 100% 86	292,9	86	12,1	−70,0	28,0	8220
Desaerador	Aço 100% 86	80,8	86	12,1	−70,0	28,0	2270

(continua)

Tabela 5.14 Análise do ciclo de vida do sistema ISCCS (*continuação*).

Equipamentos	Composição dos materiais Ecoindicador 99 mPts/kg	Peso t.	Material mPts/kg	Processo mPts/kg	Descarte mPts/kg	Total mPts/kg	Total Pts
Turbina a vapor	Aço 25% 86 Aço de alta liga 75% 910	211,3	704	12,1	−70,0	646,0	136000
Condensador	Aço 100% 86	25,0	86	12,1	−70,0	28,0	702
Bomba de extr. de cond.	Ferro fundido 65% 240 Aço 35% 86	0,75	186	16,9	−70,0	132,8	99
Bomba da caldeira x2	Ferro fundido 65% 240 Aço 35% 86	0,34	186	16,9	−70,0	132,8	45
Bomba de óleo	Ferro fundido 65% 240 Aço 35% 86	0,19	186	16,9	−70,0	132,8	26
Troc. de calor solar	Aço 100% 86	41,9	86	12,1	−70,0	28,0	1180
Coletor	Aço 98% 86 Vidro 2% 58	1390	85	7,3	−69,0	23,2	32300

Na Tabela 5.15 estão os dados do ciclo de vida dos componentes do sistema combinado integrado sem o campo solar.

Tabela 5.15 Análise do ciclo de vida do sistema sem o campo solar.

Equipamentos	Composição dos materiais Ecoindicador 99 mPts/kg	Peso t.	Material mPts/kg	Processo mPts/kg	Descarte mPts/kg	Total mPts/kg	Total Pts
Compressor	Aço 33,33% 86 Aço de baixa liga 44,5% 110 Ferro fundido 22,22% 240	170,0	130	11,7	−70,0	71,7	12200
Câmara de combustão	Aço 33,34% 86 Aço de alta liga 66,66% 910	108,2	635	20,0	−70,0	585,0	63300

(*continua*)

Aplicações

Tabela 5.15 Análise do ciclo de vida do sistema sem o campo solar (*continuação*).

Equipamentos	Composição dos materiais Ecoindicador 99 mPts/kg	Peso t.	Material mPts/kg	Processo mPts/kg	Descarte mPts/kg	Total mPts/kg	Total Pts
Turbina a gás	Aço 25% 86 Aço de alta liga 75% 910	181,4	704	11,7	−70,0	645,7	117000
Superaque-cedor AP	Aço 26% 86 Aço de alta liga 74% 910	438,2	696	12,1	−70,0	638,0	279600
Evaporador AP	Aço 100% 86	698,8	86	12,1	−70,0	28,0	19600
Economizador AP	Aço 100% 86	142,9	86	12,1	−70,0	28,0	4000
Superaque-cedor BP	Aço 26% 86 Aço de alta liga 74% 910	30,0	696	12,1	−70,0	638,0	19140
Evaporador BP	Aço 100% 86	307,6	86	12,1	−70,0	28,0	8627
Desaerador	Aço 100% 86	90,6	86	12,1	−70,0	28,0	2541
Turbina a vapor	Aço 25% 86 Aço de alta liga 75% 910	195,2	704	12,1	−70,0	646,0	126100
Condensador	Aço 100% 86	22,8	86	12,1	−70,0	28,0	638
Bomba de extr. de cond.	Ferro fundido 65% 240 Aço 35% 86	0,73	186	16,9	−70,0	132,8	96
Bomba da caldeira x2	Ferro fundido 65% 240 Aço 35% 86	0,29	186	16,9	−70,0	132,8	39

REFERÊNCIAS

BAGHERNEJAD, A.; YAGHOUBI, M. Multi-objective exergoeconomic optimization of an Integrated Solar Combined Cycle System using evolutionary algorithms. *International Journal of Energy Research*, Chichester, v. 35, n. 7, p. 601-615, 2010.

CAVALCANTI, E. J. C; MOTTA, H. P. Exergoeconomic analysis of a solar-powered/fuel assisted Rankine cycle for power generation, *Energy*, New York, v. 88, p. 555-562, 2015.

GARI, H.; KHALIFA, A.; RADHWAN, A. Design and simulation of a solar-powered/fuel-assisted rankine engine for power generation. *Applied Energy*, Amsterdam, v. 30, n. 4, p. 245-260, 1988.

INPE – INSTITUTO NACIONAL DE PESQUISAS ESPACIAIS. Centro de Previsão de Tempo e Estudos Climáticos. Disponível em: < www.cptec.inpe.br/>. Acesso em: 8 abr. 2011.

KALOGIROU, S. *Solar energy engineering*: processes and systems. Burlington: Elsevier, 2009.

KEARNEY, D.; PRICE, H. Parabolic-trough technology roadmap a pathway for sustained commercial development and deployment of parabolic-trough technology. Macau: SunLab NREL, 1999. Disponível em: <http://library.umac.mo/ebooks/b12549289.pdf>. Acesso em: 10 jan. 2014.

PARATHERM HEAT TRANSFER FLUIDS. *Paratherm™ HR Synthetic Aromatic Heat Transfer Fluid*. Montgomery County, [s.d]. Disponível em: <http://www.paratherm. com/heat-transfer-fluids/high-temperature-heat-transfer-fluids/paratherm-hr/>. Acesso em: 1 set. 2010.

PETELA, R. Exergy of heat radiation. *Journal of Heat Transfer*, Houston, v. 86, n. 2, p. 187-192, 1964.

SINTELUB. *Technical bulletin 7239115B*. Bogotá, 2014. Disponível em: <http://www.sin-telub.com/files/therminol_vp1.pdf>. Acesso em: 10 out. 2014.

THERMINOL. Therminol® VP-1 Heat Transfer Fluid. Kingsport, 2014. Disponível em: <http://www.therminol.com/products/Therminol-VP1>. Acesso em: 10 out. 2014.

GRÁFICA PAYM
Tel. [11] 4392-3344
paym@graficapaym.com.br